施工企业职业健康安全
管理体系运作实务

李 君 编著

中国建筑工业出版社

图书在版编目(CIP)数据

施工企业职业健康安全管理体系运作实务/李君编著. —北京：中国建筑工业出版社，2004
ISBN 7-112-06791-X

Ⅰ.施… Ⅱ.李… Ⅲ.①建筑企业—劳动保护—劳动管理—体系—中国②建筑企业—劳动卫生—卫生管理—体系—中国 Ⅳ.TU714

中国版本图书馆 CIP 数据核字(2004)第 082155 号

施工企业职业健康安全
管理体系运作实务

李 君 编著

*

中国建筑工业出版社出版、发行(北京西郊百万庄)
新 华 书 店 经 销
肇庆市科建印刷有限公司印刷

*

开本：850×1168毫米 1/32 印张：10½ 字数：282千字
2004年8月第一版 2004年8月第一次印刷
印数：1—3000册 定价：25.00元
ISBN 7-112-06791-X
TU·6038(12745)

版权所有 翻印必究
如有印装质量问题，可寄本社退换
(邮政编码 100037)

本社网址：http://www.china-abp.com.cn
网上书店：http://www.china-building.com.cn

本书以 GB/T 28001—2001 标准为基准,用大量的行业活动案例及实例,对施工企业职业健康安全管理体系的建立、运作及认证作了详细介绍,具有明显的专业特点和适宜性。全书共有八章,分别为职业健康安全管理体系的基础知识和原理;我国职业健康安全管理体制及相关法规;施工企业职业健康安全管理的特点;职业健康安全管理体系规范的基础要求;施工企业实施职业健康安全管理体系的运作程序;施工企业职业健康安全管理体系过程运作要点;职业健康安全管理体系审核运作;施工企业职业健康安全管理体系文件典型案例等。

本书内容详尽,既可满足施工企业贯标认证使用要求,供施工企业技术人员、管理人员贯标、培训使用,也可供管理体系研究人员参考使用。

* * *

责任编辑　常　燕

目 录

第一章 职业健康安全管理体系的基础知识和原理 ······ 1
- 第一节 现代企业管理与职业健康安全管理体系 ······ 1
- 第二节 职业健康安全管理体系的基本原理 ······ 11
- 第三节 职业健康安全管理体系的基本内容 ······ 11

第二章 我国职业健康安全管理体制及相关法规 ······ 15
- 第一节 我国职业健康安全方针与管理体制 ······ 15
- 第二节 职业健康安全管理制度 ······ 18
- 第三节 职业健康安全法律法规体系 ······ 22

第三章 施工企业职业健康安全管理的特点 ······ 66
- 第一节 施工现场的常见危险因素 ······ 66
- 第二节 施工企业健康安全管理存在的问题 ······ 70
- 第三节 施工企业职业健康安全责任制和管理制度 ······ 72
- 第四节 施工安全技术措施和事故预防措施 ······ 82

第四章 职业健康安全管理体系规范的基础要求 ······ 91
- 第一节 GB/T 28001 标准的特点 ······ 91
- 第二节 术语及定义 ······ 92
- 第三节 施工企业实施 GB/T 28001 标准的理解要点 ······ 99
- 第四节 职业健康安全管理体系标准要素间的逻辑关系及系统化 ······ 136

第五章 施工企业实施职业健康安全管理体系的运作程序 ······ 138
- 第一节 职业健康安全管理体系运作流程 ······ 138
- 第二节 危险源辨识、风险评价及风险控制策划 ······ 140
- 第三节 职业健康安全管理体系的建立 ······ 152
- 第四节 职业健康安全管理体系文件的编制与运行 ······ 156
- 第五节 职业健康安全管理体系认证注册 ······ 164

第六章　施工企业职业健康安全管理体系循环运作要点 …… 169
  第一节　策划 …… 169
  第二节　实施与运行 …… 178
  第三节　检查与测量 …… 196
  第四节　管理评审与改进 …… 198

第七章　职业健康安全管理体系审核运作 …… 200
  第一节　制定审核方案和审核计划 …… 200
  第二节　编制审核文件 …… 203
  第三节　实施审核 …… 206
  第四节　审核过程的控制 …… 214
  第五节　审核发现与不符合项 …… 219
  第六节　审核报告 …… 224
  第七节　末次会议与审核的结束 …… 229
  第八节　审核的后续活动及纠正措施的跟踪与验证 …… 230

第八章　施工企业职业健康安全管理体系文件典型案例 …… 233
  第一节　施工企业职业健康安全管理手册编制要点 …… 233
  第二节　文件管理程序编制要点 …… 261
  第三节　相关方满意度测量及服务管理程序编制要点 …… 266
  第四节　危险源识别与评价管理程序编制要点 …… 268
  第五节　职业健康安全运行管理程序编制要点 …… 272
  第六节　能力、意识和培训管理程序编制要点 …… 276
  第七节　内部审核程序编制要点 …… 291
  第八节　监测和监控管理程序编制要点 …… 300
  第九节　施工机械设备安全管理程序编制要点 …… 302
  第十节　作业指导文件编制要点 …… 309

第一章　职业健康安全管理体系的基础知识和原理

第一节　现代企业管理与职业健康安全管理体系

一、职业健康安全风险

在人们日常的生活和工作活动中，总会存在这样或那样的危险源，可能会损坏财物、危害环境、影响人体健康，甚至造成伤害事故。这些危险源有化学的、物理的、生物的、人体工效和其他种类的。人们将某一或某些危险引发事故的可能性和其可能造成的后果称之为风险。风险可用发生机率、危害范围、损失大小等指标来评定。现代职业健康安全管理的对象就是职业健康安全风险。风险引发事故造成的损失是各种各样的，一般分为以下几方面：

(1) 职工本人及其他人的生命伤害；

(2) 职工本人及其他人的健康伤害(包括心理伤害)；

(3) 资料、设备设施的损坏、损失(包括一定时期内或长时间无法正常工作的损失)；

(4) 处理事故的费用(包括停工停产、事故调查及其他间接费用)；

(5) 企业、职工经济负担的增加；

(6) 职工本人及其他人的家庭、朋友、社会的精神、心理、经济伤害和损失；

(7) 政府、行业、社会舆论的批评和指责；

(8) 法律追究和新闻曝光引起的企业形象伤害；

(9) 投资方或金融部门的信心丧失；

(10) 企业信誉的伤害、损失，商业机会的损失；

(11) 产品的市场竞争力下降;
(12) 职工本人和其他人的埋怨、牢骚、批评等。

二、导致职业健康安全事故损失的因素

职业健康安全事故损失包括直接损失和间接损失,损失的耗费远远超过医疗护理和疾病赔偿的费用,也就是说间接损失一般远远大于直接损失。风险引发事故造成损失的因素有两类:个人因素和管理系统因素。

(一) 个人因素

个人因素包括:

(1) 体能、生理结构能力不足,例如身高、体重、伸展不足,对物质敏感或有过敏症等;

(2) 思维、心理能力不足,例如理解能力不足,判断不良,方向感不良等;

(3) 生理压力,例如感官过度负荷而疲劳,接触极端的温度,氧气不足等;

(4) 思维或心理压力,例如感情过度负荷,要求极端集中力和注意力等;

(5) 缺乏知识,例如训练不足,误解指示等;

(6) 缺乏技能,例如实习不足等;

(7) 不正确的驱动力,例如不适当的同事竞争等。

(二) 管理系统因素

管理系统因素包括:

(1) 指导与监督不足,例如委派责任不清楚或冲突,权力下放不足,政策、程序、作业方式或指引给予不足等;

(2) 工程设计不足,例如人的因素和人类工效学考虑不足,运行准备不足等;

(3) 采购不足,例如贮存材料或运输材料不正确,危险性项目识别不足等;

(4) 维修不足,例如不足的润滑油和检修,不足的检验器材

等；

(5) 工具和设备不足,例如工作标准不足,设备非正常损耗,滥用或误用等。

由此可见,对损失的控制不仅仅限于个人安全控制的范围。戴明博士和其他管理学家发现,一家公司里的问题,大约 15% 是可以由职员控制的,约 85% 或以上是由管理层控制的。损失并不是商业运作上"不可避免"的成本,而是可以通过管理来预防和消除的。

无论是高瞻远瞩的战略家,还是从事科技、经济、生产的实干家,都不能忽视一个极为普通而又极为重要的现实问题,那就是首先要尊重人的生命、珍惜人的生命、爱护人的生命。归根到底,就是要以当代的伦理道德观保护人的生命,只要人出生于世,就获得神圣的生存权和劳动权即人权。保障人们在从事生产、生活、生存活动中的安全与健康,是各国政府应尽的首要责任和义务,也应该是各国经济可持续发展计划中必须考虑的重要问题。如何改善劳动者的劳动条件和环境状况,这已成为现代企业管理无法回避的一个现实而紧迫的问题。

三、现代职业健康安全问题

进入 21 世纪,在科技革命和知识经济的强有力的推动下,一些新兴产业在科技革命和知识经济的强催化下应时而生,工业文明的光芒不断照亮人类社会的历史进程。一方面在经济高速增长时期,劳动者的劳动条件和环境状况的改善与生产的发展速度很不相称,目前在世界范围内有成百上千万的工人在有事故隐患和暴露在有职业危害物质的工作场所中工作,重大恶性工伤事故频频发生,职业病人数居高不下。另一方面,新兴技术的发展与工业生产的扩大、产品种类的增多,随之而带来新的危害因素。现在仅就化学品来讲,美国使用六万种化学品,日本四万种,其他国家也不少,美国环境保护局的报告说,在他们的统计表中,每年增加的化学品将近一千种。他们一方面认为化学品的使用是生产发展的需要;另一方面又承认在防止这些危险物品对工人健康和安全的损害上所采取的措施是不力的。这在许多国家已经成为一个严重的社会问题。

1. 工伤事故数量不断上升

根据国际劳工组织(ILO)估算,全世界每年发生工伤死亡人数为110万人,平均每天有3000名工人在生产过程中丧生,每分钟死亡2人。超过道路年平均死亡人数(99.9万)、由于战争造成的死亡人数(50.2万)、暴力死亡人数(56.3万)和艾滋病死亡人数(31.2万)等。在110万工伤死亡人数中,有接近1/4的人是由于工作在暴露危险物质的工作场所引发的使人丧失劳动能力的职业病而死亡,诸如癌症、心血管病、呼吸疾病和神经系统紊乱等。到2020年,预计与工作有关的患职业疾病的人数将增加1倍,全世界每年发生在生产岗位的死亡人数超过100万人,国际劳工组织保守地估算,全世界每年有接近2.5亿工人在生产过程中受到伤害,有1.6亿工人患职业病。工业化国家在工业结构的调整过程中,严重的伤害事故在减少,然而,按照生产发展规律,也正在产生新的职业危害,其中包括肌肉疲劳酸痛的问题、精神心理压力问题、哮喘病、过敏性反应以及暴露在危险物质场所和致癌物质附加剂问题,例如石棉、放射性物质和化学物质等等。此外,除了上述各种问题外,还存在着其他损害劳动者健康的情形,如不顾人体生理极限,强令劳动者从事超强度体力劳动,迫使劳动者在持续紧张或其他恶劣工作环境下劳动,以及严重违反人体生理规律的劳动组织安排,如不采取有效措施,必将对劳动者健康造成严重摧残。1998年日本因公死亡和负伤人数达148248人(其中死亡1844人),比上年减少8500人。在死亡人数中,建筑业死亡人数最多,占39%。

2. 高昂的经济损失一再发生

全世界因职业伤亡事故和职业病造成的经济损失迅速增加。国际劳工组织的专家说:"人的生命价值是无法用金钱衡量的。"赔偿金额的数据显示,由于工伤致残和患职业病丧失劳动能力造成的经济损失、职业病治疗花费的医药费和丧失劳动能力的抚恤费用的总和,现在已超过了全世界平均国内生产总值(GDP)的4%。由于职业伤亡事故和职业病所造成的经济损失,已超过了相当于整个非洲国家、阿拉伯国家和南亚国家国内生产总值(GDP)的总和,同时,也超过了工业发达国家向发展中国家的政府援助资金的总和。

3. 保护人类安全健康成为社会文明的重要标志

企业在生产经营活动中必须用安全生产和工业文明的手段和方式提供产品,做到生产工具(设备)、生产资料要安全、可靠、无害,做到保护劳动者在生产经营活动中的安全与健康,甚至包括了提供的产品,对享用者及其生活环境不产生危害。一句话,组织的生产经营过程对人们的伤害及意外灾难的风险控制到最小,这就等于保障了劳动者的基本人权利益,即保护了劳动者的生存权和劳动权。实质上这些问题的解决,直接关系到雇主、雇员、顾客的安康,社会的稳定和家庭的幸福。

让所有人享有公正和良好的工作条件的权利,是联合国《全球人权宣言》确认的社会公正的基本原则。人人享有劳动保护的权利,劳动者安全健康在某些情况下是生存问题,如果基本需求得不到社会承认与保证,必定会对社会产生负面影响。只为个人(或小团体)赚钱,漠视人类安全健康,是违背人类伦理道德的一种社会丑恶行为,应当受到社会道德舆论的谴责,造成后果(包括职业危害)的应受到法律的制裁,以维护社会公正和社会稳定。

四、现代职业健康安全管理体系标准的产生

从根本上讲职业健康安全问题,一方面是由于生产技术条件落后而造成的,另一方面是由于管理不善造成的。对于前者,我们可以通过技术手段解决因生产条件落后而造成的生产事故和劳动疾病问题;对于后者,我们必须通过改进管理予以解决。人们通过多年来不断总结经验教训发现,绝大多数事故原本是可以通过实行合理有效的管理得以避免的。而纯粹由于技术条件达不到所产

生的事故只占很小一部分。因此加强职业健康安全管理,辅之以技术手段,人们就能够最大限度地减少生产事故和劳动疾病的发生。

1. 现代职业健康安全管理的发展阶段

20世纪50年代:职业健康安全管理的主要内容是控制有关人身受伤的意外,防止意外事故的再发生,不考虑其他问题,是一种消极的控制。

20世纪70年代:进行了一定程度的损失控制,考虑了部分与人、设备、材料、环境有关的问题,但仍是被动反应,消极控制。

20世纪90年代:职业健康安全管理已发展到控制风险阶段,对个人因素和工作系统因素造成的风险,可进行较全面的积极的控制,是一种主动反应的管理模式。

21世纪:英国健康安全执行委员会的研究报告显示,工厂伤害、职业病和可被防止的非伤害性意外事故所造成的损失,约占英国企业获利的5%~10%。各国对职业健康安全方面的法令规定日趋严格,日益强调对人员安全的保护,有关的配合措施相继展开,各相关方对工作场所及工作条件的要求提高了。

现代管理的一个重要标志就是以人为本。对企业而言,职业健康安全是应尽的社会道义和法律责任。各类企业组织日益关心如何控制其作业活动、产品或服务对其员工所造成的各种危害风险,并考虑将职业健康安全管理全面纳入企业日常的管理活动中。因此21世纪的职业健康安全管理是控制一切风险,将损失控制与全面管理方案配合,实现体系化的管理。这一管理体系不仅需要考虑人、设备、材料、环境,还要考虑人力资源、产品质量、工程和设计、采购货物、承包制、法律责任、制造方案等。

2. 现代职业健康安全管理体系标准的提出

职业健康安全管理体系发展的动力,来源于两个方面。一是外部动力:由于现代企业管理的进步,特别是全面质量控制、环境保护控制及其标准化的进展,在形成及执行ISO 9000及ISO 14000系列标准时,专业人士认为,这种思想及做法,自然地可引入到职业健康安全的工作中。二是职业健康安全工作自身的需要：首先由于职业健康安全工作的重要性逐步增强而需要一种系统的管理思想及技术；再者是，职业健康安全工作越来越从较为孤立的领域，发展成与企业整体文化、企业管理、企业利益相关的广阔领域，需要从战略的高度加以处理，而职业健康安全管理体系对此提供了一种解决方法。

职业健康安全管理体系是一种对企业和职业健康安全工作进行控制的战略及方法。它是由一系列标准来构筑的一套系统，表达了一种对企业的职业健康安全进行控制的思想，也给出了按照这种思想进行管理的一整套方法。它与企业的其他活动及整体的管理是相容的，因此能得到广泛的接受和承认，具有规范性。

1994年5月国际标准化组织(ISO)第207委员会(TC 207环境技术管理委员会)提出了职业健康安全管理体系。之所以提出职业健康安全管理体系，是因为ISO/TC 207在推行环境管理体系(ISO 14000)的过程中涉及到许多相关的职业健康安全管理问题。因此，ISO/TC 207希望采用类似质量管理体系(ISO 9000)和环境管理体系(ISO 14000)的方法解决组织的职业健康安全管理问题，以提高组织的综合管理水平。ISO专门成立了由中国、美国、英国、法国、德国、日本、澳大利亚、加拿大、瑞士、瑞典、国际劳工组织以及世界卫生组织的代表组成的特别工作组。

1997年，特别工作组根据研究以及ISO成员大会的表决结果认为，制定职业健康安全管理体系国际标准的时机尚不成熟，待到将来时机成熟时再制定职业健康安全管理体系国际标准。

从ISO成员大会表决的情况分析，无论是投赞成票还是投反对票，各国普遍认为，职业健康安全管理体系确实能够改善组织的职业健康安全状况，极大地减少生产事故和劳动疾病的发生。至于为何大部分国家投反对票，一方面是因为各国不同的劳工关系及管理体系难以在世界范围内达成一致，ISO难以处理与劳工和管理相关的敏感问题，如童工问题，犯人劳动问题，雇主和雇员应沟通到什么程度等问题；另一方面，职业健康安全管理体系将面对各国不同的法律制度,有可能与一些国家的法律发生冲突。但毫无疑问,一旦ISO认为时机成熟,必定会开始制定有关职业健康安全的国际标准。

五、国际职业健康安全管理体系的发展进程

ISO全体大会鉴于职业健康安全管理体系这个问题涉及到发达国家及发展中国家利益的高度敏感性,决定当前暂不以国际标准化组织的名义对职业健康安全管理体系进行策划和推动。然而,近两年的种种迹象表明:在尚无国际通用的职业健康安全管理体系认证标准的情况下,包括美国在内的世界各国却不失时机,更加抓紧了在本国范围内对职业健康安全管理体系的研究及实践工作。英国、欧共体、澳大利亚等也积极行动起来,他们将职业健康安全管理提升到 ISO 9000、ISO 14000 同等地位,有些国家确已制定了职业健康安全管理的标准。为满足企业的认证需求,各大评审机构纷纷在 BS 8800 的基础上制定本机构的职业健康安全管理体系认证标准。

1996年,英国标准化协会(BSI)在全球率先制定并发布了职业健康安全管理体系指南(BS 8800:1996《职业健康安全管理体系指南》国家标准)。

1996年,美国工业健康协会(AIHA)制定了关于《职业健康安全管理体系 AIHA 指导性文件》,许多企业将该指南作为纲要来建立职业健康安全管理体系。

1997年,澳大利亚/新西兰标准协会(AS/NZS)联合制定了澳大利亚/新西兰国家标准 AS/NZS 4804:1997《职业健康安全管理体系原则、体系和支持技术通用指南》。

1997年,日本工业灾害预防安全协会(JISHA)推出了《职业健康安全管理体系 JISHA 指南》,挪威船级社(DNV)制定了《职业健康安全管理体系认证标准》。

1999年,英国标准协会(BSI)、挪威船级社(DNV)等13个组织提出了职业健康安全评价系列(Occupational Safety and Health Stardard Management System,简称 OSHSMS)标准：

——OHSAS 18001:1999《职业健康安全管理体系 规范》；

——OHSAS 18002:2000《职业健康安全管理体系 OHSAS 18001 实施指南》。

OHSAS 18001 参照了 ISO 14001 的模式,与 ISO 9001《质量管理体系 要求》和 ISO 14001《环境管理体系 规范及使用指南》具有相同的管理体系原理。OHSAS 18001 综合了世界各国和组织的职业健康安全管理经验,发布后受到了各国的普遍关注。

OHSAS 标准反映了人类共同的思想财富,值得学习和借鉴。已经具有某些方面深刻体验的企业将从新的高度更深刻地认识本身的经验,同时对照、比较 OHSAS 标准的内容,调整、加强不足的方面,有利于全面提高企业安全生产管理的质量和水平。

职业健康安全管理体系体现了保护人权的国际潮流,因而该体系继 ISO 9000 质量管理体系和 ISO 14000 环境管理体系后,成为国际社会关注的一个新热点。许多组织将该指南作为纲要来建立职业健康安全管理体系,例如旁氏、ABB、杭州松下等。但是,BS 8800 仅提供了建立体系的两条途径,是一个指导性纲要或推荐性作法,不能作为体系认证的依据;而目前尚无世界通用的职业健康安全管理体系认证标准。在此情况下,为满足企业的认证需求,世界少数知名评审机构在 BS 8800 的基础上制定本机构的职业健康安全管理体系认证标准。

在全球经济一体化的大背景下,近年国际上已出现健康安全标准协调一体化的倾向。美、欧等工业化国家提出:由于各国职业健康安全的差异使发达国家在成本价格和贸易竞争中处于不利的地位,这种主要是由于发展中国家在劳动条件改善方面投入不够使其生产成本降低所造成的"不公平"是不能接受的,因此提出在国际贸易自由化的同时,应在贸易协议中制定出统一的国际劳工标准,并对达不到国际标准国家的贸易进行限制。这将可能对我国社会与经济发展产生潜在和巨大的影响。实际上这也是国际上形成特别是发展中国家实施职业健康安全管理体系标准的重要原因。

六、GB/T 28001 标准的意义和作用

2001年12月18日,我国颁布 GB/T 28001—2001《职业健康安全管理体系 规范》,并于2002年1月1日正式实施。

GB/T 28001 标准的基本内容对我国劳动健康安全管理人员来说并不生疏,我国企业多年来积累的极其宝贵的安全生产管理经验与 GB/T 28001 标准的要求在很大程度上原理一致,并且方法相近。

我国一些企业按照"安全第一,预防为主"的方针,根据企业的实际情况确定适当的安全生产管理制度和标准,实行目标责任制,岗位管理过程,通过风险评价(安全评价),确定企业健康安全水平,发生事故隐患和潜在职业危害,提出改善措施,以各种形式(如安全标准化作业和安全标准化班组活动)实行职工群众参与和监督等等,都符合 GB/T 28001 标准的基本原则,并与工业发达国家的管理内容相似。但整体上说,我国企业安全生产管理尚未达到标准化所要求的科学性、全面性和系统性。

职业健康安全管理体系是组织全部管理体系中专门管理健康安全工作的部分,包括为制定、实施、实现、评审和保持职业健康安全方针所需的组织机构、规划活动、职责、制度、程序、过程和资源。它是继 ISO 9000 系列质量管理体系和 ISO 14000 系列环境管理体系之后又一个重要的标准化管理体系。推行 GB/T 28001 标准则可以使企业从新的高度更深刻地认识本身的经验,调整、加强不足的方面,全面提高企业安全生产管理的质量和水平。

随着企业规模扩大和生产集约化程度的提高,对企业的质量管理和经营模式提出更高的要求,采用现代化的管理模式,促进包括安全生产管理在内的所有生产经济活动科学化、标准化、法律化已经成为当代企业发展的一大趋势。

对企业而言,职业健康安全是应尽的社会道义和法律责任。各国对职业健康安全方面的法令规定日趋严格,日益强调对人员

安全的保护,有关的配合措施相继展开,各相关方对工作场所及工作条件的要求提升。各类企业组织日益关心如何控制其作业活动、产品或服务对其员工所造成的各种危害风险,并考虑将对职业健康安全的管理纳入企业日常的管理活动中。

显然,贯彻 GB/T 28001 标准对于企业提升市场形象,增强竞争能力,保护员工的切身利益,履行社会责任,都有着十分重要的现实意义,其作用是不言而喻的。

第二节 职业健康安全管理体系的基本原理

职业健康安全管理体系的基本模式

职业健康安全管理体系的基本模式包括系统模式和运行模式,是基于自然科学和社会科学的系统理论。根据系统理论,系统还可以划分为两部分:封闭系统部分和开放系统部分。系统存在开放部分的条件下,就存在了与外部交换信息和获取能量的途径。这种现象最明显的例子就是生物系统。相对地,封闭系统就不具备这样的途径,于是便限制了其对外界变化情况的反应和适应能力。现代职业健康安全管理是系统化的职业健康安全管理,是以系统安全的思想为基础,管理的核心是系统中导致事故的根源——危险源,强调通过危险源辨识、风险评价、风险控制来达到控制事故的目的。

职业健康安全管理体系的运行模式采用了 PDCA 系统化管理模式:策划阶段(PLAN)、实施阶段(DO)、检查阶段(CHECK)、改进阶段(ACTION)。如图 1.2-1 所示。

第三节 职业健康安全管理体系的基本内容

根据职业健康安全管理体系的运行模式,可将职业健康安全管理体系所包含的基本要素及内容形成标准化的排列、描述。

GB/T 28001—2001《职业健康安全管理体系 规范》所包含的全部要素如下。

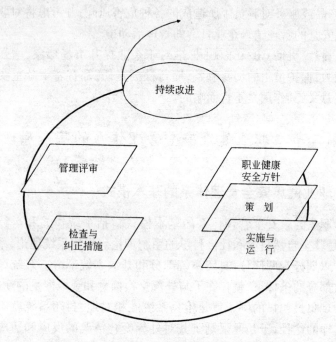

图 1.2-1 成功的职业健康安全管理体系运行模式

4.1 总要求
4.2 职业健康安全方针
4.3 策划
4.3.1 对危险源辨识、风险评价和风险控制的策划
4.3.2 法规和其他要求
4.3.3 目标
4.3.4 职业健康安全管理方案
4.4 实施和运行
4.4.1 结构和职责
4.4.2 培训、意识和能力

4.4.3 协商和沟通
4.4.4 文件
4.4.5 文件和资料控制
4.4.6 运行控制
4.4.7 应急准备和响应
4.5 检查和纠正措施
4.5.1 绩效测量和监视
4.5.2 事故、事件、不符合、纠正和预防措施
4.5.3 记录和记录管理
4.5.4 审核
4.6 管理评审

职业健康安全管理体系的核心内容是系统安全的基本思想。职业健康安全管理方针体现了企业的总体职业健康安全目标。

危险源辨识、风险评价和风险控制策划，是企业通过职业健康安全管理体系的运行，实行事故控制的开端。一方面企业应遵守职业健康安全法规和其他要求，编制相关的管理方案，并有效运行，及时进行应急准备与响应，实施监测与测量等。另一方面明确企业内部管理机构和成员的职业健康安全职责，是组织成功运行职业健康安全管理体系的根本保证。搞好职业健康安全工作，需要组织内部全体人员具备充分的意识和能力，而这种意识和能力需要适当的教育、培训和经历来获得及判定。此外还要通过运行控制程序或应急准备与响应程序来进行控制，以保证企业全面的风险控制和取得良好的职业健康安全绩效。

对企业的职业健康安全行为要保持经常化的监测，这其中包括组织遵守法规情况的监测，以及职业健康安全绩效方面的监测。对于所产生的事故、事件、不符合要求，企业要及时纠正，并采取预防措施。良好的职业健康安全记录和记录管理，也是企业职业健康安全管理体系有效运行的必要条件。职业健康安全管理体系审核的目的是，检查职业健康安全管理体系是否得到了正确的实施和保持，它为进一步改进职业健康安全管理体系提供了依据。管

理评审是企业的最高管理者,对职业健康安全管理体系所做的定期评审,目的是确保体系的持续适用性、充分性和有效性,最终达到持续改进的目的。

第二章 我国职业健康安全管理体制及相关法规

第一节 我国职业健康安全方针与管理体制

一、我国职业健康安全方针

我国的职业健康安全方针是:"安全第一、预防为主"。所谓"安全第一",就是当生产活动中没有可靠的安全保证时,生产必须服从安全,待隐患被消除或危险得到有效控制时再继续进行生产活动。所谓"预防为主",就是在处理劳动保护问题时,坚持以预防于前为主,处治于后为辅。在进行事后处治时,又把总结经验教训作为重要任务,以期更有效地进行事后的预防。在预防于前之中,又可分为人的行为和物的状态两方面。多数事故的发生主要是人的行为不当造成的,其中有当事劳动者的责任,更有管理者的责任。因此,"安全第一,预防为主",一方面必须根据可能条件尽量采取物质措施,另一方面要特别强调做好人的工作。从管理者到职工都要提高思想认识,学习安全知识,严肃劳动纪律,加强法制观念。"安全第一,预防为主"是一个完整方针,不可分割,从被动处理伤亡事故和职业危害为主,转到采取系统的预防措施为主,是一项有着深远影响和巨大的工程,需做长期大量的工作。

二、我国职业健康安全管理体制

安全生产管理体制(含职业病管理体制)问题涉及今后的社会主义市场经济的建立和经济体制改革方向。1993年国务院在《关于加强安全生产工作的通知》中,将原来的"国家监察、行政监察、群众监督"安全生产管理体制,发展为"企业负责,行为管理,国家监察,群众监督"。以后又考虑到许多事故发生的原因,是由于劳动者不遵守规章制度违章违纪造成的,所以在1996年1月22日召开的全国安全生产工作电视电话会议上,增加了"劳动者遵章守纪"这一条规定,确立了"企业负责、行政管理、国家监察、群众监督、劳动者遵章守纪"的安全生产管理体制。这不仅对劳动者遵章守纪提出了具体要求,而且加重了企业的安全生产责任。我国职业健康安全管理体制的内容和要求是市场经济国家的普遍做法,也是符合国际惯例的。这一管理体制还将随着我国市场经济的发展,在实践中不断完善。

1. 企业负责

企业负责就是企业在其经营活动中必须对本企业安全生产负全面责任,企业法定代表人应是安全生产的第一责任人。各企业应建立安全生产责任制,在搞好生产的同时,必须搞好安全工作。这样才能达到责权利的相互统一。安全生产作为企业经营管理的重要组成部分,发挥着极大的保障作用。不能将安全生产与企业效益对立起来,片面理解扩大企业经营自主权。具体说,企业应自觉贯彻"安全第一,预防为主"的方针,必须遵守安全生产的法律、法规和标准,根据国家有关规定,制定本企业安全生产规章制度;必须设置安全机构,配备安全管理人员,对安全工作进行有效管理;必须提供符合国家安全生产要求的工作场所、生产设施,加强有毒有害、易燃易爆等危险品的管理;必须对特种作业进行安全资格考核,持证上岗等。

2. 行业管理

行业管理职能主要体现在行业主管部门根据国家有关的方针政策、法规和标准,对行业的安全工作进行管理和检查,通过计划、组织、协调、指导和监督检查,加强对行业所属企业以及归口管理的企业安全工作的管理,防止和控制伤亡事故和职业病。

3. 国家监察

主要是指劳动行政主管部门根据国家法律法规对安全生产工作进行监察,具有相对的独立性、公正性和权威性。安全监察部门对企业履行安全生产职责和执行安全生产法律、法规、政策情况依法进行监督检查,对不遵守国家安全生产法律、法规、标准的企业,要下达监察通知书,作出限期整改和停产整顿的决定,必要时,可提请当地人民政府或主管部门关闭企业。劳动行政主管部门配有安全监察员,要经常深入企业检查其对国家安全法律法规的执行落实情况;检查事故隐患;检查劳动条件和安全状况;检查企业职工安全教育、培训工作;参加事故调查和处理;帮助和指导企业做好安全生产。

4. 群众监督

群众监督是安全生产工作不可缺少的重要环节。群众监督不仅是各级工会,而且社会团体、新闻单位等也应对安全生产起监督作用。这是保障职工的合法权益,保障职工生命安全与健康和国家财产不受损失的重要保证。

工会监督是群众监督的主要方面,是依据《中华人民共和国工会法》和国家有关法律法规对安全生产进行的监督。在社会主义市场经济体制建立过程中,要加大群众监督检查的力度,全心全意依靠群众搞好安全生产,依法维护工人的安全与健康,维护工人的合法权益。工会应充分发挥自身优势,履行群众监督职能,发动职工群众查事故隐患、保安全;教育职工遵章守纪,使党和国家的安全生产方针、政策、法律法规落实到企业,落实到每一个职工。

5. 劳动者遵章守纪

从许多事故发生的原因看,大都与职工的违章行为有直接的关系。因此,劳动者在生产过程中应该自觉遵守安全生产的规章制度和劳动纪律,严格执行安全技术操作规程,不违章操作。劳动者遵章守纪是减少事故,实现安全生产的重要保证。

在安全生产管理体制中,企业负责是管理体制的基础,也是安全生产管理工作的出发点和落脚点。企业负责是对其本身的安全负责,是一种自我约束。企业内部自我管理机制,主要由企业法定代表人,企业安全管理机构,企业生产、经营机构,企业职工代表大会或工会以及职工组成。企业内部本身形成一个自我约束的闭环反馈系统,但企业法定代表人在企业经营管理中起着决定性的作用,他对安全生产的重视程度有直接的关系。企业内部安全生产管理是内因,行业管理、国家监察、群众监督是外因。也就是说,企业建立内部安全生产管理规章制度并定期进行检查,还要接受主管部门的行业管理,劳动部门的国家监察,工会及其他组织的群众监督,形成一个互相作用,互为补充的有机整体。

安全生产管理体制是在社会主义经济建设中不断总结经验的基础上发展起来的。我国正处在经济体制改革时期,安全生产工作作为经济建设和社会主义发展的一个组成部分。随着经济体制改革的深入,随着经济的发展、社会的进步,安全生产管理体制还将不断加以补充和完善,最终建立适应社会主义市场经济的体制。

第二节　职业健康安全管理制度

职业健康安全管理制度共包括:安全生产责任制、职业健康安全措施计划制度、职业健康安全教育制度、职业健康安全检查制度、伤亡事故和职业病统计报告及处理制度、职业健康安全监察制度、三同时制度。

一、安全生产责任制

安全生产责任制是企业岗位责任制的一个主要组成部分,是企业安全生产管理中最基本的一项制度。安全生产责任制是根据"管生产必须管安全"、"安全生产,人人有责"的原则,明确规定各级领导、各职能部门和各类人员在生产活动中应负的安全职责。落实安全责任制,就能把安全与生产从组织领导上统一起来,把管生产必须管安全的原则从制度上固定下来,从而增强各级管理人员的责任心,建立全员、全方位、网络式安全监督管理体系,夯实安全生产基础,层层落实安全责任,保证安全生产,真正把安全管理工作落到实处。

二、职业健康安全措施计划制度

1. 其主要内容主要包括以下方面
（1）单位或工作场所；
（2）措施名称；
（3）措施内容和目的；
（4）经费预算及其来源；
（5）负责设计、施工的单位或负责人；
（6）开工日期及竣工日期；
（7）措施执行情况及其效果。
2. 具体措施有以下几种
（1）安全技术措施；
（2）职业卫生措施，包括防尘、防毒等；
（3）辅助用室及设施，包括更衣室、消毒室等；
（4）职业健康安全宣传教育措施。

三、职业健康安全教育制度

安全培训主要包括如下几个方面：
1. 厂长、经理培训
  企业厂长、经理须经劳动行政部门组织的安全培训教育，经考核合格，领取《厂长、经理安全管理资格证书》后方可上岗。
2. 全员培训
  全员培训是统一要求的，并统一书本、统一试题、统一发证，员工经培训考试合格后由企业发给《企业员工安全教育合格证》，此项教育要求企业所有员工都要参加。而且这种培训应该是经常性和连续的。
3. "三级"教育
  分为上岗前的三级教育，改变工艺和变换岗位教育，经常性教育三种形式。企业生产工人上岗前必须进行厂（公司）、车间、班组安全知识教育（简称"三级"教育），"三级"教育由企业根据本企业生产及不同岗位安全要求,分别进行培训教育,培训教育考试合格后方可上岗,并建立培训档案。

4．特种作业人员、技术工种的培训和持证上岗

特种作业人员包括:电工、锅炉工、压力容器操作工、电梯工、起重机械操作工、电焊(气焊)工、厂内机动车辆驾驶工、发电机运行工、登高架设作业工、化学危险品库仓库管理员等。

5．企业专职或兼职安全员培训

企业要建立安全管理机构,并配备专职或兼职安全员。安全员可划分为安全督导员、安全主任、高级安全主任三个执业资格等级。

四、职业健康安全检查制度

安全检查应根据企业生产的特点,制定检查的项目标准,主要是以查思想、查制度、查措施、查隐患、查教育培训、查安全防护、查机械设备、查操作行为、查劳保用品使用、查伤亡事故处理等为主要内容。检查形式一般有:定期安全检查、专业性安全检查、经常性安全检查、重点抽查、季节性安全检查和复工检查等。

五、伤亡事故和职业病统计报告及处理制度

(一)伤亡事故的统计报告和处理

1．伤亡事故分类

根据国务院1991年5月1日起实施的《企业职工伤亡事故报告和处理规定》,职工在劳动过程中发生的人身伤害、急性中毒伤亡事故分为"轻伤、重伤、死亡、重大死亡事故。"

根据GB/T 6441—1986《企业职工伤亡事故分类》,规定的伤亡事故如下:

(1) 按伤害程度分类

分轻伤、重伤、死亡,详见分类规定。

(2) 按事故严重程度分类

分轻伤、重伤、死亡、重大伤亡事故、特大伤亡事故,详见《企业

职工伤亡事故分类》规定。

2．伤亡事故报告和处理

报告依据 1989 年国务院 34 号令《特别重大事故调查程序暂行规定》和 1991 年国务院第 75 号令《企业职工伤亡事故报告和处理规定》执行。

3．伤亡事故统计

按 1992 年劳动部办公厅发出的"关于实施《企业职工伤亡事故统计报表制度》的通知"和 1993 年发出的"关于印发《企业职工伤亡事故统计问题解答》的通知"执行。

(二) 职业病的统计报告和处理

1．职业病报告办法

按卫生部 1998 年修订颁发的《职业病报告办法》执行，一切企事业单位都应报告当地卫生监督机构，由它统一上报。

2．职业病处理

按卫生部、劳动部、财政部、全国总工会 1987 年 11 月发布的《职业病范围和职业病患者处理办法的规定》执行。

六、职业健康安全监察制度

指按国家法律、法规授权的行政部门，代表政府对企业的生产过程实施职业健康安全监察，以政府的名义，运用国家权力对生产单位在履行职业健康安全职责和执行职业健康安全政策、法律、法规和标准的情况依法进行监督、检查和惩诫制度，执法主体是法律、法规授权部门而不是其他的国家机关和群众团体。

七、三同时制度

《中华人民共和国劳动法》第 53 条规定了在新建、改建、扩建的基本建设项目时，其职业健康安全设施必须与主体工程同时设计、同时施工、同时投入生产和使用。

第三节 职业健康安全法律法规体系

一、我国职业健康安全法律法规体系的构成

建国以来,党和政府十分重视职业健康安全工作,早在1956年6月由周恩来总理亲自主持,起草并通过了三个职业健康安全法规,即《工厂健康安全规程》、《建筑工程安全技术规程》和《职员、工人伤亡事故报告规程》等著名的三大规程,为我国企业的职业健康安全工作提出了明确的规范要求。改革开放以来,我国也十分重视职业安全工作,从立法、执法、资源配置等也都有了相当的规模。2001年我国派出观察员,参加了OHSAS 18001标准的起草和制定,为标准的出台做出了努力和贡献。2001年12月,我国正式公布了中国版本的OHSAS 18001标准——GB/T 28001—2001《职业健康安全管理体系规范》,并要求企业在健全、完善、规范职业健康安全管理体系中,实施这个标准,以推动全国职业健康安全管理工作的蓬勃发展。2002年5月1日,全国人大正式通过和批准的《中华人民共和国职业病防治法》生效实施,使全国职业健康安全管理工作纳入更加严格和具体的法制轨道。

职业健康安全法律法规是国家为了保护劳动者在劳动过程中的健康和安全而制定的各种法律法规的总和。可分为宪法、职业健康安全法律、行政法规、地方性法规、规章等。

1. 宪法:在法律体系中居于最高地位,是基本大法,具有最高的法律效力,所有职业健康安全法律都要依据它,不能相抵触。

宪法第42条规定,"中华人民共和国公民有劳动的权利和义务。国家通过各种途径,创造劳动就业条件,加强劳动保护,改善劳动条件,并在发展生产的基础上,提高劳动报酬和福利待遇。国家对就业前的公民进行必要的劳动就业训练"。该规定被确定为劳动法的基本原则之一,也是我国劳动安全健康立法的指导思想。此外第43条、48条均有规定。

2. 法律：由全国人大及其常务委员会制定的职业健康安全方面法律规范性文件的统称，处于第二位。主要包括：

（1）刑法第115条规定"违反爆炸性、易燃性、放射性、毒害性、腐蚀性物品的管理规定，在生产、储存、运输、使用中发生重大事故，造成严重后果的，处三年以下有期徒刑或者拘投；后果特别严重的，处三年以上七年以下有期徒刑"，其中113条（交通）、114条、187条均有职业健康安全有关的内容。

（2）劳动保护基本法：《中华人民共和国劳动法》起到了劳动健康安全领域的基本法作用，也是我国制定各项劳动安全健康专项法律的依据。劳动法有关职业健康安全的内容：

1）劳动法规定了用人单位在职业健康安全方面的权利义务；

2）劳动法规定了劳动健康安全设施和"三同时"制度的规定；

3）规定了关于特种作业上岗要求；

4）规定了劳动者在健康安全中的权利和义务；

5）规定了伤亡事故和职业病的统计、报告、处理制度。

（3）安全生产基本法：《中华人民共和国安全生产法》是各类组织安全生产的基本法。其对生产经营单位的安全生产保障，从业人员的权利和义务，安全生产的监督管理及法律责任做出了基本的法律规定。

（4）劳动保护专项法：是针对特定的安全生产领域和特定保护对象而制定的单项法律，目前有《中华人民共和国矿山安全法》、《中华人民共和国海上交通安全法》及《中华人民共和国消防法》、《中华人民共和国职业病防治法》等。

（5）劳动保护的相关法规。

1）行政法规：由国务院制定发布的有关的各类条例、办法、规定、实施细则、决定等，如《化学危险物品安全管理条例》、《中华人民共和国尘肺病防治条例》等。

2）地方性法规：是指省、自治区、直辖市的人民代表大会及其常务委员会为执行和实施宪法、职业健康安全法律、职业健康安全行政法规，根据本行政区域的具体情况和实际需要，在法定权限内制定、发布的规范性文件。

3）规章：是指由国务院所属部委以及有关地方政府依职权制定、颁布的有关职业健康安全行政管理的规范性文件。如劳动部颁发的《爆炸危险场所安全规定》、《违反〈中华人民共和国劳动法〉的行政处罚办法》、《建设工程项目职业健康安全监察规定》、《劳动防护用品规定》等。

4）安全及卫生标准：包括产品标准、基本标准、方法标准、作业场所分级标准。

5）国际公约：《建筑业健康安全公约》。

6）其他要求：指产业实施规范与政府机构的协定，非法规性指南。

二、常见的职业健康安全管理法规要求

（一）事故预防的法规要求

我国职业健康安全法规在事故预防方面的法规要求，基本可概括在四个方面：人员；设施、设备和物品；作业环境；管理。

1. 事故预防人员方面法规要求

（1）劳动者的职业健康安全教育及职业资格

《中华人民共和国劳动法》第五十二条规定："用人单位必须……对劳动者进行劳动安全卫生教育，防止劳动过程中的事故，减少职业危害。"第五十五条规定："从事特种作业的劳动者必须经过专门培训并取得特种作业资格。"

《中华人民共和国安全生产法》第二十条规定："生产经营单位的主要负责人和安全生产管理人员必须具备与本单位所从事的生产经营活动相应的安全生产知识和管理能力。危险物品的生产、经营、储存单位以及矿山、建筑施工单位的主要负责人和安全生产管理人员，应当由有关主管部门对其安全生产知识和管理能力考核合格后方可任职。"第二十三条规定："生产经营单位的特种作业人员必须按照国家有关规定经专门的安全作业培训，取得特种作业操作资格证书，方可上岗作业。"第二十一条规定："生产经营单

位应当对从业人员进行安全生产教育和培训,保证从业人员具备必要的安全生产知识,熟悉有关的安全生产规章制度和安全操作规程,掌握本岗位的安全操作技能。未经安全生产教育和培训合格的从业人员,不得上岗作业。"

《中华人民共和国职业病防治法》第三十一条规定:"用人单位的负责人应当接受职业卫生培训,……用人单位应当对劳动者进行上岗前的职业卫生培训和在岗期间的定期职业卫生培训,普及职业卫生知识"。

1963年国务院颁布《关于加强企业生产中安全工作的几项规定》,提出了企业必须建立安全生产教育制度。

1990年10月原劳动部颁发了《厂长、经理职业健康安全管理资格认证规定》。

1995年11月原劳动部颁发了《企业职工劳动安全卫生教育管理规定》,对企业生产岗位职工和管理人员的安全教育做了具体规定。

1999年7月原国家经贸委颁布了《特种作业人员安全技术培训考核管理办法》。

2002年12月国家安全生产监督管理局颁发了《注册安全工程师执业资格制度暂行规定》、《注册安全工程师执业资格认定办法》。

职业健康安全教育的基本内容主要有思想教育、职业健康安全技术知识教育和典型事故教育。

思想教育包括思想认识教育和劳动纪律教育,思想认识教育主要是通过职业健康安全政策、法规方面的教育,提高各级领导和广大职工的政策水平,正确理解职业健康安全方针,严肃认真地执行职业健康安全法规,做到不违章指挥,不违章作业;劳动纪律教育主要是使管理人员和职工懂得严格遵守劳动纪律对实现安全生产的重要性,提高遵守劳动纪律的自觉性,保障安全生产。

职业健康安全技术知识教育包括生产技术知识、基本职业健康安全技术知识和专业职业健康安全技术知识。生产技术知识是指企业的基本生产概况、生产技术过程、作业方法或工艺流程、产品的结构性能,所使用的各种机具设备的性能和知识,以及装配、包装、运输、检验等知识。

基本职业健康安全技术知识是指企业内特别危险的设备和区域及其安全防护的基本知识和注意事项;有关电器设备的基本安全知识;有毒、有害的作业防护;一般消防规则;个人防护用品的正确使用,以及伤亡事故的报告办法等。

专业职业健康安全技术知识是指某一特殊工种的职工必须具备的专业职业健康安全技术知识,包括锅炉、压力容器、电气、焊接、起重机械、防爆、防尘、防毒、瓦斯检验、机动车辆驾驶等专业的安全技术及工业卫生技术知识。

典型事故教育是结合本企业或外企业的事故教训进行教育,通过典型事故教育可以使各级领导和职工看到违章行为、违章指挥给人民生命和国家财产造成的损失,提高安全意识,从事故中吸取教训,防止类似事故发生。

对企业法定代表人和厂长、经理主要应进行国家有关职业健康安全的方针、政策、法律、法规及有关规章制度,工伤保险法律、法规,安全生产管理职责、企业职业健康安全管理知识及安全文化,有关事故案例及事故应急处理措施等项内容教育。

技术干部的职业健康安全教育内容主要包括:职业健康安全方针、政策和法律、法规;本职安全生产责任制;典型事故案例剖析;系统安全工程知识;基本的安全技术知识。

对行政管理干部教育的主要内容是职业健康安全方针、政策和法律、法规,职业健康安全技术知识以及他们本职的安全生产责任制。

企业职业健康安全管理人员教育内容应包括:国家有关职业健康安全的方针、政策、法律、法规和职业健康安全标准,企业安全生产管理、安全技术、职业卫生知识、安全文件,工伤保险法律、法规,职工伤亡事故和职业病统计报告及调查处理程序,有关事故案例及事故应急处理措施等项内容。

班组长和安全员的职业健康安全教育内容包括：职业健康安全法律、法规，安全技术、职业卫生和安全文化的知识、技能及本企业、本班组和一些岗位的危险因素、安全注意事项，本岗位安全生产职责，典型事故案例及事故抢救与应急处理措施等。

企业工人的职业健康安全教育主要有三级教育、特种作业教育和经常性教育三种形式。

三级教育是指企业新工人上岗前必须进行厂级、车间级、班组级安全教育。厂级安全教育由企业主管厂长负责，企业职业健康安全管理部门会同有关部门组织实施，内容应包括职业健康安全法律、法规，通用安全技术、职业卫生和安全文化的基本知识，本企业职业健康安全规章制度及状况、劳动纪律和有关事故案例等项内容。车间级职业健康安全教育由车间负责人组织实施，内容包括本车间职业健康安全状况和规章制度，主要危险因素及安全事项，预防工伤事故和职业病的主要措施，典型事故案例及事故应急处理措施等。班组级职业健康安全教育由班组长组织实施，内容包括遵章守纪，岗位安全操作规程，岗位间工作衔接配合的职业健康安全事项，典型事故案例，劳动防护用品(用具)的性能及正确使用方法等项内容。

特种作业教育是指对接触危险性较大的特种作业人员，如电气、起重、焊接、驾驶、锅炉、压力容器等工种的工人所进行的专门安全技术知识培训。特种作业人员必须通过脱产或半脱产培训，并经严格考试合格后，才能准许操作。

另外，在新工艺、新技术、新装备、新产品投产前，也要按新的安全操作规程教育和培训参加操作的岗位工人和有关人员。

对职工应进行广泛的经常性的职业健康安全教育，要在生产过程中自始至终坚持不断。一般的教育方法是班前布置、班中检查、班后总结，使职业健康安全教育制度化。重点设备或装置大修，应进行停车前、检修前和开车前的专门安全教育，安全技术部门应配合主管部门和检修单位进行教育，以确保安全检修。企业应集中力量确保安全检修。对重大危险性作业，作业前施工部门和安全技术部门必须按预定的安全措施和要求对施工人员进行安全教育,否则不能作业。

另外,企业职工调整工作岗位或离岗一年以上重新上岗时,必须进行相应的车间级或班组级职业健康安全教育。

特种作业分为十二类:

1) 电工作业;

2) 金属焊接切割作业;

3) 起重机械(含电梯)作业;

4) 企业内机动车辆驾驶;

5) 登高架设作业;

6) 锅炉作业(含水质化验);

7) 压力容器操作;

8) 制冷作业;

9) 爆破作业;

10) 矿山通讯作业(含瓦斯检验);

11) 矿山排水作业(含尾矿坝作业);

12) 由省、自治区、直辖市安全生产综合管理部门或国务院行业管理部门提出,并经国家安全生产监督管理局批准的其他作业。

从事特种作业人员,必须进行安全技术培训。安全技术培训实行理论教育与实际操作技能相结合的原则,重点是提高其安全操作技能和预防事故的实际能力。培训的方式可以由企事业单位或有关部门进行。

特种作业人员安全技术考核与发证工作,由特种作业人员所在单位负责组织申报,地市级安全生产行政部门负责实施。安全技术考核包括安全技术理论考试与实际操作技能考核两部分,以实际操作技能考核为主。考核内容应严格按照《特种作业人员安全技术培训考核大纲》进行。经考核成绩合格者,发给《特种作业人员操作证》;不合格者,允许补考一次。补考仍不合格者,应重新进行培训。

(2) 劳动防护用品和健康监护

《中华人民共和国劳动法》第五十四条规定:"用人单位必须为劳动者提供符合国家规定的劳动安全卫生条件和必要的劳动防护用品,对从事有职业危害作业的劳动者应当定期进行健康检查。"

《中华人民共和国安全生产法》第三十七条规定:"生产经营单位必须为从业人员提供符合国家标准或者行业标准的劳动防护用品,并监督、教育从业人员按照使用规定配戴、使用。"

《中华人民共和国职业病防治法》第十九条规定:"用人单位应当采取下列职业病防治管理措施:……(四)建立、健全职业卫生档案和劳动者健康监护档案;……。"第二十条规定:"用人单位必须……为劳动者提供个人使用的职业病防护用品。"第三十二条规定:"对从事接触职业病危害的作业的劳动者,用人单位应当按照国务院卫生行政部门的规定组织上岗前、在岗期间和离岗时的职业健康检查,并将检查结果如实告知劳动者。"第三十三条规定:"用人单位应当为劳动者建立职业健康监护档案,并按照规定的期限妥善保存。"

1996年4月原劳动部颁发了《劳动防护用品管理规定》。

2000年3月原国家经贸委颁布了《劳动防护用品配备标准(试行)》。

2002年5月卫生部颁布《职业健康监护管理办法》。

劳动防护用品按照防护部位分为九类:

1) 安全帽类,是用于保护头部,防撞击、挤压伤害的护具。主要有塑料、橡胶、玻璃、胶纸、防寒和竹、藤安全帽。

2) 呼吸护具类,是预防尘肺和职业病的重要防护品。按用途分为防尘、防毒、供氧三类;按作用原理分为过滤式、隔绝式两类。

3) 眼防护具,用以保护作业人员的眼、面部,防止外来伤害。分为焊接用眼防护具、炉窑用眼防护具、防冲击眼护具、微波防护具、激光防护镜以及防X射线、防化学、防尘等眼护具。

4) 听力护具,长期在90dB(A)以上或短时在115dB(A)以上的环境中工作时应使用听力护具。听力护具有耳塞、耳罩和帽盔三类。

5) 防护鞋,用于保护足部免受伤害。目前主要产品有防砸、绝缘、防静电、耐酸碱、耐油、防滑鞋等。

6) 防护手套,用于手部保护。主要有耐酸碱手套、电工绝缘手套、电焊手套、防X射线手套、石棉手套等。

7) 防护服,用于保护职工免受劳动环境中的物理、化学因素的伤害。防护服分为特殊防护服和一般作业服两类。

8) 防坠落护具,用于防止坠落事故发生。主要有安全带、安全绳和安全网。

9) 护扶用品,用于外露皮肤的保护。分为护肤膏和洗涤剂。

劳动防护用品是保护劳动者安全健康的一种预防性辅助措施,根据安全生产、防止职业性伤害的需要,按照不同工种、不同劳动条件进行发放。

1) 劳动防护用品的选择应考虑对有害因素的防护功能,同时考虑作业环境、劳动强度以及有害因素的存在形式、性质、浓度等因素。

2) 所选择的劳动防护用品必须保证质量,各项指标符合国家标准和行业标准,穿戴舒适方便,不影响工作。

3) 劳动防护用品发放应根据企业安全生产和防止职业性危害的需要,按照不同工种、不同劳动条件发给。

4) 劳动防护用品的发放标准应按照行业、地方标准执行。

5) 劳动防护用品的采购、保管、发放工作,由企业行政或供应部门负责,安全管理部门和工会组织进行督促检查。

6) 特殊防护用品应建立定期检验制度,不合格或失效的,一律不准使用。

7) 对于在易燃、易爆、烧灼及有静电发生的场所,禁止发放、使用化纤防护用品。

为保证劳动防护用品质量,国家对特种劳动防护用品建立了质量检验与认证制度。

劳动防护用品检验机构负责全国劳动防护用品《产品合格证书》和《产品检验证》的发放工作。各省、市建立地方劳动防护用品质量检验机构,对当地生产和经营的劳动防护用品进行监督,督促检查企业严格执行劳动防护用品标准。

国家安全生产行政管理部门负责劳动防护用品生产企业许可证的发放工作。

生产特种劳动防护用品的企业,必须具有一支足够保证产品质量和进行正常生产的专业技术人员、熟练技术工人及计量、检验人员队伍。并能严格按照国家标准和行业标准进行生产、试验和检测。

具备申请取证条件的企业,经检验单位对企业进行质保体系审查及产品抽样检验检测后,审查合格,由国家安全生产部门颁发生产许可证,并报全国工业产品许可证办公室统一公布名单。

用人单位应当建立健全职业健康监护制度,保证职业健康监护工作的落实。

用人单位应当组织接触职业病危害因素的劳动者进行上岗前职业健康检查,不得安排未经上岗前职业健康检查的劳动者从事接触职业病危害因素的作业;不得安排有职业禁忌的劳动者从事其所禁忌的作业。用人单位应当组织接触职业病危害因素的劳动者进行定期职业健康检查。发现职业禁忌或者有与所从事职业相关的健康损害的劳动者,应及时调离原工作岗位,并妥善安置。用人单位应当组织接触职业病危害因素的劳动者进行离岗时的职业健康检查。对未进行离岗时职业健康检查的劳动者,不得解除或终止与其订立的劳动合同。职业健康检查应当填写《职业健康检查表》,从事放射性作业劳动者的健康检查应当填写《放射工作人员健康检查表》。

用人单位应当建立职业健康监护档案。职业健康监护档案应包括以下内容:

1) 劳动者职业史、既往史和职业病危害接触史;
2) 相应作业场所职业病危害因素监测结果;
3) 职业健康检查结果及处理情况;
4) 职业病诊疗等劳动者健康资料。

(3) 童工的禁止使用和女工、未成年工的保护

《中华人民共和国劳动法》第十五条规定:"禁止用人单位召用未满十六周岁的未成年人。"

《中华人民共和国劳动法》的第七章对女职工和未成年工特殊保护做出了规定。

1991年4月国务院颁布《禁止使用童工规定》。

1988年6月国务院颁布《女职工劳动保护规定》。

1990年1月原劳动部颁布《女职工禁忌劳动范围的规定》。

1991年9月颁布了《中华人民共和国未成年人保护法》。

1992年4月颁布了《中华人民共和国妇女权益保障法》。

童工是指未满16周岁,与单位或者个人发生劳动关系从事有经济收入的劳动或者从事个体劳动的少年、儿童。禁止国家机关、社会团体、企业事业单位和个体工商户、农户、城镇居民使用童工。

按照《中华人民共和国劳动法》第五十九条规定,禁止安排女职工从事矿山井下、国家规定的第四级体力劳动强度的劳动和其他禁忌从事的劳动。根据《体力劳动强度分级》标准,体力劳动强度的大小是以体力劳动强度指数来衡量的。体力劳动强度指数是由该工种的劳动时间率、能量代谢率、性别系数、体力劳动方式系数四个因素决定的。体力劳动强度指数越大,体力劳动强度也越大;反之体力劳动强度就越小。禁止安排女职工从事其他禁忌的劳动主要有:森林采伐业、归楞及流放作业;建筑业脚手架的组装和拆除作业,以及电力、电信行业的高处架线作业;连续负重(指每小时负重次数在6次以上),每次负重超过20kg、间断负重每次超过25kg的作业。

《中华人民共和国劳动法》第六十条规定:"不得安排女职工在经期从事高处、低温、冷水作业和国家规定的第三级体力劳动强度的劳动。"

根据《高处作业分级》标准,高处作业是指凡在坠落高度基准面2米(包括2米)有可能坠落的高处进行的作业,均称为高处作业。作业高度在2~5米时,称为一级高处作业;作业高度在5米

以上至15米时，称为二级高处作业；作业高度在15米以上至30米时，称为三级高处作业；作业高度在30米以上，称为特高处作业。女职工在月经期间禁忌从事《高处作业分级》国家标准中二级（含二级）以上的作业。

在低温冷水中作业会对月经期的女职工的生理卫生产生不良影响，不得安排月经期的女职工从事低温、冷水作业。低温作业，是指在生产劳动过程中，操作人员接触冷水温度等于或低于12℃的作业。

第三级体力劳动强度的劳动，是较重的体力劳动，妇女月经来潮时，正常的生理机能和肌体活动能力出现变化，身体防御能力暂时被破坏，生理波动大，作业能力下降，工作效率低。女职工月经期间可以照常工作，但不能参加过重的体力劳动。

根据有关的法律、法规和规章的规定，女职工在月经期间禁忌从事的劳动具体有：轻工系统的方便面和面，肉联厂的冻肉装运，蛋品厂的过磅，轮胎厂的大轮胎成型，橡胶厂拨楦，化工厂的有机备料和无机备料等。

女职工孕期禁忌从事的劳动包括：

1）女职工在怀孕期间，禁忌从事铅、苯、汞、镉等作业场所属于《有毒作业分级》标准中第三、四级的作业。

2）女职工在怀孕期间，用人单位不得安排其从事国家规定的第三级体力劳动强度的劳动和孕期禁忌从事的劳动，不得在正常劳动以外延长女职工的劳动时间，对于难以完成原工作任务的，应当根据医务部门的证明减轻其劳动量或者安排其他劳动。

3）女职工在怀孕期间要禁忌从事下列劳动：

A. 作业场所空气中铅及其化合物、汞及其化合物、苯、镉、铍、砷、氰化物、氮氧化合物、一氧化碳、二硫化碳、氯、己内酰胺、氯丁二烯、氯乙烯、环氧乙烷、苯胺、甲醛等有毒物质浓度超过国家卫生标准的作业；

B. 制药行业从事抗癌药物及二烯雌酚生产的作业；

C. 作业场所放射物质超过《放射防护规定》中规定剂量的作

业；

  D. 人力进行的土方和石方作业；

  E. 第三级体力劳动强度的作业；

  F. 伴有全身强烈振动的作业，如风钻等作业，以及拖拉机驾驶等；

  G. 工作中需要频繁弯腰、攀高、下蹲的作业，如焊接作业；

  H.《高处作业分级》标准规定的高处作业。

  4）对于怀孕7个月的女职工，用人单位不得安排其从事夜班劳动，并在劳动时间内应当安排一定时间的休息。怀孕的女职工在劳动时间内进行产前检查的时间应当计算在劳动时间内。

  5）女职工在怀孕期间内，劳动合同的期限届满，用人单位不能终止劳动合同，劳动合同的期限应当自动延续到哺乳期满。

  《中华人民共和国劳动法》第六十三条对在哺乳期间的女职工的劳动安排规定了两个"不得"，即不得安排女职工在哺乳未满一周岁的婴儿期间从事国家规定的第三级体力劳动强度的劳动和哺乳期禁忌从事的其他劳动，不得安排其延长工作时间和夜班劳动。

  女职工哺乳期禁忌从事的劳动包括：作业场所空气中铅及其化合物，汞及其化合物，苯、镉、铍、砷、氰化物、氮氧化合物、一氧化碳、二硫化碳、氯、己内酰胺、氯丁二烯、氯乙烯、环氧乙烷、苯胺、甲醛、有机磷化合物和有机氯化合物的浓度超过国家卫生标准的作业；全身伴有强烈振动的作业，如风钻、捣固机、锻造等作业，以及拖拉机驾驶等。

  女职工哺乳期禁忌从事劳动的范围，主要是有毒有害物质的工作。女职工在哺乳期应暂时调离接触可自乳汁排出的化学物质的作业，目的是保证哺乳女职工有丰富的、质量好的乳汁喂养婴儿。

  《中华人民共和国劳动法》和国家颁布的各种劳动保护法规，除了规定女职工禁忌从事劳动的范围外，还在其他方面规定了一些相应的劳动保护措施，对女职工的安全健康实施全面保护。

  女职工月经期间，除了不安排其参加禁忌从事劳动的工作外，还应建立女职工月经卡。女职工集中的单位,要建立有冲洗设备的女工卫生室,尤其是从事巡回操作和长时间站立作业的女职工,更需要设立卫生室及冲洗设备。《工业企业设计卫生标准》第七十四条规定,"最大班女工在100人以上的工业企业,应设女工卫生室,且不得与其他室合并设置。""女工卫生室由等候间和处理间组成。等候间应设洗手设备及洗涤池。处理间应设温水箱及冲洗器。冲洗器的数量应根据设计数据来确定。按最大班女工人数,100～200名时,应设一具,大于200名时,每增200名时,增设一具。""最大数量女工在100名以下至40名以上的工业企业,亦本着勤俭节约的原则,设置简易温水箱及冲洗器,对流动分散的工作,单位可发给女工单人自用外阴冲洗器。"

女职工自确定怀孕之日起,即应建立孕产妇保健卡。除不得接触超过卫生防护要求的剂量、当量限值的X射线、γ射线,接触工业毒物和有急性中毒危险的作业外,怀孕女职工不得加班加点。怀孕7个月后,不得上夜班,对不能胜任原岗位劳动的,应根据医务部门的证明,予以减轻劳动量或调换岗位安排适宜的劳动。对怀孕7个月以上的女职工,企业应设工间休息室,在劳动时间内安排一定的休息时间,并允许怀孕的女职工在预产期前休息两周。女职工劳动保护还规定,怀孕女职工产前检查,应当算作劳动时间。

生育分娩是妇女正常的生理过程,但它给产妇在精神上和肉体上带来了紧张、劳累和疼痛。怀孕后生理机能所产生的变化需要在产后逐渐恢复到怀孕前的健康状态,分娩时的体能消耗也需要休息和补充营养。因此,生育期的保护对女职工来说不仅必要,而且重要。《中华人民共和国劳动法》规定:"女职工生育享受不少于九十天的产假"。难产的,增加产假15天。女职工怀孕不满4个月流产时,应当根据医务部门的意见,给予15天至30天的产假,怀孕满4个月以上流产时,给予42天产假,产假期间,工资照发。

如果说规定女职工哺乳期禁忌从事劳动的范围,是为了保证女职工有丰富的质量好的乳汁来喂养婴儿,那么,女职工哺乳期的其他保护措施则是为了保证女职工按时哺育婴儿,保证婴儿吃饱,健康成长。为此,对有未满一周岁婴儿的女职工,国家法规规定,在每班工作期间应给予两次授乳时间,每次30分钟。多胞胎生育的,每多哺乳一个婴儿,每次哺乳时间增加30分钟。女职工每班劳动时间内的两次哺乳时间,可以合并使用。哺乳时间和在单位内哺乳往返途中的时间,算作劳动时间。国家还要求,有哺乳婴儿五名以上女职工的企业,应当建立哺乳室,室内应有洗手设备,保持空气新鲜、干湿适宜、阳光充足。

《中华人民共和国劳动法》第六十四条规定:"不得安排未成年工从事矿山井下、有毒有害、国家规定的第四级体力劳动强度的劳动和其他禁忌从事的劳动。"这里讲的其他禁忌从事的劳动范围包括:森林伐木、归楞及流放作业;凡在坠落高度基准面5米以上(含5米)有可能坠落的高度进行的作业;作业场所放射性超过《放射防护规定》中规定剂量的作业。除了不得录用未成年人从事矿山井下劳动外,对国家法律、法规允许招用在地面工作的已满16周岁、未满18周岁的未成年工,不得安排他们从事爆破等危险作业;同时,对未成年工的劳动时间也应加以限制,不得安排他们加班加点和夜间工作。《中华人民共和国劳动法》第六十五条规定了"用人单位应当对未成年工定期进行健康检查。"用人单位在招用未成年工时,要对其进行体格检查,合格者方可录用,录用后还要定期进行体格检查,一般一年进行一次。

(4) 工作时间和休假

《中华人民共和国劳动法》在第四章对工作时间和休息休假做出了规定。

1991年6月发布《中共中央、国务院关于职工休假问题的通知》。

1995年3月发布国务院关于修改《国务院关于职工工作时间的规定》的决定。

职工每日工作8小时、每周工作40小时。在特殊条件下从事劳动和有特殊情况,需要适当缩短工作时间的,按照国家有关规定执行。因工作性质或者生产特点的限制,不能实行每日工作8小时、每周工作40小时标准工时制度的,按照国家有关规定,可以实行其他工作和休息办法。任何单位和个人不得擅自延长职工工作时间。因特殊情况和紧急任务确需延长工作时间的,按照国家有关规定执行。用人单位应在元旦、春节、国际劳动节、国庆节及其他法定休假节日依法安排劳动者休假。国家实行带薪年休假制度。劳动者连续工作一年以上的,享受带薪年休假。

(5) 劳动者的权利和义务

《中华人民共和国劳动法》第十六条规定:"劳动合同是劳动者与用人单位确立劳动关系、明确双方权利和义务的协议。建立劳动关系应当订立劳动合同。"第十九条规定:"劳动合同应当以书面形式订立,并具备以下条款:

1) 劳动合同期限;
2) 工作内容;
3) 劳动保护和劳动条件;
4) 劳动报酬;
5) 劳动纪律;
6) 劳动合同终止的条件;
7) 违反劳动合同的责任。"

第三十三条规定:"企业职工一方与企业可以就劳动报酬、工作时间、休息休假、劳动安全卫生、保险福利等事项,签订集体合同。集体合同草案应当提交职工代表大会或者全体职工讨论通过;集体合同由工会代表职工与企业签订;没有建立工会的企业,由职工推举的代表与企业签订。"第五十六条规定:"劳动者在劳动过程中必须严格遵守安全操作规程。劳动者对用人单位管理人员违章指挥、强令冒险作业,有权拒绝执行;对危害生命安全和身体健康的行为,有权提出批评、检举和控告。"

《中华人民共和国安全生产法》第七条规定:"工会依法组织职工参加本单位安全生产工作的民主管理和民主监督,维护职工在安全生产方面的合法利益。""第三章 从业人员的权利和义务"中对劳动者在安全生产方面的权利和义务做了具体规定。

《中华人民共和国职业病防治法》第四条规定:"劳动者依法享有职业卫生保护的权利。用人单位应当为劳动者创造符合国家职业卫生标准和卫生要求的工作环境和条件,并采取措施保障劳动者获得职业卫生保护。"

第三十一条规定:"劳动者应当学习和掌握相关的职业卫生知识,遵守职业病防治法律、法规、规章和操作规程,正确使用、维护职业病防护设备和个人使用的职业病防护用品,发现职业病危害事故隐患应当及时报告。"

第三十六条规定:"劳动者享有下列职业卫生保护权利:

1）获得职业卫生教育、培训；

2）获得职业健康检查、职业病诊疗、康复等职业病防治服务；

3）了解工作场所产生或者可能产生的职业病危害因素、危害后果和应当采取的职业病防护措施；

4）要求用人单位提供符合防治职业病要求的职业病防护设施和个人使用的职业病防护用品,改善工作条件；

5）对违反职业病防治法律、法规以及危及生命健康的行为提出批评、检举和控告；

6）拒绝违章指挥和强令进行没有职业病防护措施的作业；

7）参与用人单位职业卫生工作的民主管理,对职业病防治工作提出意见和建议。"

第三十七条规定:"工会组织应当监督并协助用人单位开展职业卫生宣传教育和培训,对用人单位的职业病防治工作提出意见和建议,与用人单位就劳动者反映的有关职业病防治的问题进行协调并督促解决。工会组织对用人单位违反职业病防治法律、法规,侵犯劳动者合法权益的行为,有权要求纠正;产生严重职业病危害时,有权要求采取防护措施,或者向政府有关部门建议采取强制性措施;发生职业病危害事故时,有权参与事故调查处理;发现危及劳动者生命健康的情形时,有权向用人单位建议组织劳动者撤离危险现场,用人单位应当立即作出处理。"

《中华人民共和国工会法》第二条规定:"工会是职工自愿结合的工人阶级的群众组织。中华全国总工会及其各工会组织代表职工的利益,依法维护职工的合法权益。"在"第三章　工会的权利和义务"中,对工会代表职工的职业健康安全利益做出了规定。

2001年12月中华全国总工会颁布了《工会劳动保护监督检查员工作条例》、《基层工会劳动保护监督检查委员会工作条例》、《工会小组劳动保护检查员工作条例》。

2. 事故预防设施、设备和物品方面法规要求

(1) 职业健康安全设施

《中华人民共和国劳动法》第五十三条规定:"劳动安全卫生设施必须符合国家规定的标准。新建、改建、扩建工程的劳动安全卫生设施必须与主体工程同时设计、同时施工、同时投入生产和使用。"

《中华人民共和国安全生产法》第二十四条规定:"生产经营单位新建、改建、扩建工程的安全设施,必须与主体工程同时设计、同时施工、同时投入生产和使用。安全设施投资应当纳入建设项目概算。"

《中华人民共和国职业病防治法》第十六条规定:"建设项目的职业病防护设施所需费用应当纳入建设项目工程预算,并与主体工程同时设计,同时施工,同时投入生产和使用。"第二十条规定:"用人单位必须采用有效的职业病防护设施。"

《工厂安全卫生规程》、《生产过程安全卫生要求总则》(GB 12801—91)、《工业企业设计卫生标准》(GBZ 1—2002)等对企业的职业健康安全设施提出了具体要求。

《中华人民共和国矿山安全法》、《中华人民共和国消防法》、《机关、团体、企业、事业单位消防安全管理规定》等也对矿山安全卫生设施、消防设施做了具体规定。

职业健康安全设施包括以改善劳动条件,防止伤亡事故和职业病发生为目的一切技术措施。主要有三个方面:

1) 安全技术方面的设施

A. 机床、提升设备、机车、农业机器及电气设备等传动部分的防护装置；在传动梯、吊台上安装的防护装置及各种快速自动开关等。

B. 电刨、电锯、砂轮及锻压机器上的护防装置；有碎片、屑末、液体飞出及有裸露导电体等处所安设的防护装置。

C. 升降机和起重机械上的各种防护装置。

D. 锅炉、压力容器、压缩机械及各种有爆炸危险的机器设备的安全装置和信号装置。

E. 各种联动机械之间、工作场所的动力机械之间、建筑工地上为安全而设的信号装置，以及在操作过程中为安全而设的信号装置。

F. 各种运转机械上的安全起动和迅速停车装置；各种机床附近为减轻工人劳动强度而专门设置的附属起重设备。

G. 电气设备的防护性接地或接零，以及其他防触电设施。

H. 在生产区域内危险处所设置的标志、信号和防护装置。

I. 在高处作业时，为避免工具等物体坠落伤人以及防坠落摔伤而设置的工具箱或安全网。

J. 防火、防爆所必需的防火间距、消防设施等。

2) 职业卫生方面的设施

A. 为保持空气清洁或使温度符合职业卫生要求而安设的通风换气装置和采光、照明设施。

B. 为消除粉尘危害和有毒物质而设置的除尘设备及防毒设施。

C. 防止辐射、热危害的装置及隔热、防暑、降温设施。

D. 为改善劳动条件而铺设各种垫板。

E. 为职业卫生而设置的对原材料和加工材料消毒的设施。

F. 为减轻或消除工作中的噪声及振动的设施。

3) 生产辅助设施

A. 专为职工工作中使用的饮水设施。

B. 为从事高温作业或接触粉尘、有害化学物质或毒物作业人员专用的淋浴设备或盥洗设备。

C. 更衣室或存衣箱,工作服洗涤、干燥、消毒设备。

D. 女士卫生室及洗涤设备,以及食物的加热设备。

E. 为从事高温作业等工种工人修建的倒班休息室等。

(2) 职业健康安全设备

《中华人民共和国安全生产法》第二十九条规定:"安全设备的设计、制造、安装、使用、检测、维修、改造和报废,应当符合国家标准或者行业标准。生产经营单位必须对安全设备进行经常性维护、保养,并定期检测,保证正常运转。维护、保养、检测应当作好记录,并由有关人员签字。"

第三十条规定:"生产经营单位使用的涉及生命安全、危险性较大的特种设备,以及危险物品的容器、运输工具,必须按照国家有关规定,由专业生产单位生产,并经取得专业资质的检测、检验机构检测、检验合格,取得安全使用证或者安全标志,方可投入使用。检测、检验机构对检测、检验结果负责。"

第三十一条规定:"国家对严重危及生产安全的工艺、设备实行淘汰制度。生产经营单位不得使用国家明令淘汰、禁止使用的危及生产安全的工艺、设备。"

《中华人民共和国职业病防治法》第二十三条规定:"对职业病防护设备、应急救援设施和个人使用的职业病防护用品,用人单位应当进行经常性的维护、检修,定期检测其性能和效果。确保其处于正常状态,不得擅自拆除或者停止使用。"

第二十五条规定:"向用人单位提供可能产生职业病危害的设备的,应当提供中文说明书,并在设备的醒目位置设置警示标识和中文警示说明。警示说明应当载明设备性能、可能产生的职业病危害、安全操作和维护注意事项、职业病防护以及应急救治措施等内容。"

第二十七条规定:"任何单位和个人不得生产、经营、进口和使用国家明令禁止使用的可能产生职业病危害的设备或者材料。"

《工厂安全卫生规程》、《生产过程安全卫生要求总则》(GB 12801—91)、《工业企业设计卫生标准》(GBZ 1—2002)等对企业的职业健康安全设备提出了具体要求。

2003年3月11日国务院颁布了《特种设备安全监察条例》。

职业健康安全设备是用于保证生产经营活动正常进行,防止事故发生,保障职工人身安全和健康的设备总称。由于职业健康安全设备关系到人身安全和健康,因此,国家对这类设备作出严格的规定。从设计、制造、安装、使用、检测、维修、改造直到报废,都制定了严格的国家标准。没有国家标准的,也制定了行业标准。

特种设备是指涉及生命安全、危险性较大的锅炉、压力容器(含气瓶)、压力管道、电梯、起重机械、客运索道、大型游乐设施。《特种设备安全监察条例》对特种设备生产(含设计、制造、安装、改造、维修)、使用、检验检测及其监督检查作出了具体规定。

(3) 危险物品

《中华人民共和国安全生产法》第三十二条规定:"生产、经营、运输、储存、使用危险物品或者处置废弃危险物品的,由有关主管部门依照有关法律、法规的规定和国家标准或者行业标准审批并实施监督管理。生产经营单位生产、经营、运输、储存、使用危险物品或者处置废弃危险物品,必须执行有关法律、法规和国家标准或者行业标准,建立专门的安全管理制度,采取可靠的安全措施,接受有关主管部门依法实施的监督管理。"

第三十四条规定:"生产、经营、储存、使用危险物品的车间、商店、仓库不得与员工宿舍在同一建筑物内,并应当与员工宿舍保持安全距离。生产经营场所和员工宿舍应当设有符合紧急疏散要求、标志明显、保持畅通的出口。禁止封闭、堵塞生产经营场所或者员工宿舍的出口。"

《中华人民共和国职业病防治法》第二十六条规定:"向用人单位提供可能产生职业病危害的化学品、放射性同位素和含有放射性物质的材料的,应当提供中文说明书。说明书应当载明产品特性、主要成分、存在的有害因素、可能产生的危害后果、安全使用注意事项、职业病防护以及应急救治措施等内容。产品包装应当有醒目的警示标识和中文警示说明。贮存上述材料的场所应当在规定的部位设置危险物品标识或者放射性警示标识。国内首次使用或者首次进口与职业病危害有关的化学材料,使用单位或者进口单位按照国家规定经国务院有关部门批准后,应当向国务院卫生行政部门报送该化学材料的毒性鉴定以及经有关部门登记注册或者批准进口的文件等资料。进口放射性同位素、射线装置和含有放射性物质的物品,按照国家有关规定办理。"

《中华人民共和国消防法》第九条规定:"生产、存储和装卸易燃易爆危险物品的工厂、仓库和专用车站、码头,必须设置在城市的边缘或者相对独立的安全地带。易燃易爆气体和液体的充装站、供应站、调压站应当设置在合理的位置,符合防火防爆要求。原有的生产、储存和装卸易燃易爆危险物品的工厂、仓库和专用车站、码头,易燃易爆气体和液体的充装站、供应站、调压站,不符合前款规定的,有关单位应当采取措施,限期加以解决。"

第十七条规定:"生产、储存、运输、销售或者使用、销毁易燃易爆危险物品的单位、个人,必须执行国家有关消防安全的规定。生产易燃易爆危险物品的单位,对产品应当附有燃点、闪点、爆炸极限等数据的说明书,并且注明防火防爆注意事项。对独立包装的易燃易爆危险物品应当贴附危险品标签。进入生产、储存易燃易爆危险物品的场所,必须执行国家有关消防安全的规定。禁止携带火种进入生产、储存易燃易爆危险物品的场所。禁止非法携带易燃易爆危险物品进入公共场所或者乘坐公共交通工具。储存可燃物资仓库的管理,必须执行国家有关消防安全的规定。"

2002年1月26日国务院颁布了《危险化学品安全管理条例》。

1984年1月6日公安部颁布了《中华人民共和国民用爆炸物品管理条例》。

1994年3月24日公安部颁布了《易燃易爆化学物品消防安全监督管理办法》。

1989年10月24日国务院颁布了《放射性同位素与射线装置

放射防护条例》。

2002年1月4日卫生部颁布了《放射防护器材与含放射性产品卫生管理》。

3．事故预防作业环境方面法规要求

《中华人民共和国安全生产法》第二十八条规定："生产经营单位应当在有较大危险因素的生产经营场所和有关设施、设备上，设置明显的安全警示标识。"

《中华人民共和国职业病防治法》第十三条规定："产生职业病危害的用人单位的设立除应当符合法律、行政法规规定的设立条件外，其工作场所还应当符合下列职业卫生要求：

1）职业病危害因素的强度或者浓度符合国家职业卫生标准；

2）有与职业病危害防护相适应的设施；

3）生产布局合理，符合有害与无害作业分开的原则；

4）有配套的更衣间、洗浴间、孕妇休息间等卫生设施；

5）设备、工具、用具等设施符合保护劳动者生理、心理健康的要求；

6）法律、行政法规和国务院卫生行政部门关于保护劳动者健康的其他要求。"

第十九条规定："用人单位应当采取下列职业病防治管理措施：……；

5）建立、健全工作场所职业病危害因素监测及评价制度；……。"

第二十三条规定："对可能发生急性职业损伤的有毒、有害工作场所，用人单位应当设置报警装置，配置现场急救用品、冲洗设备、应急撤离通道和必要的泄险区。对放射工作场所和放射同位素的运输、贮存，用人单位必须配置防护设备和报警装置，保证接触放射线的工作人员配戴个人剂量计。"

第二十四条规定："……用人单位应当按照国务院卫生行政部门的规定，定期对工作场所进行职业病危害因素检测、评价。检测、评价结果存入用人单位职业卫生档案，定期向所在地卫生行政部门报告并向劳动者公布。……发现工作场所职业病危害因素不符合国家职业卫生标准和卫生要求时,用人单位应当立即采取相应治理措施,仍然达不到国家职业卫生标准和卫生要求的,必须停止存在职业病危害因素的作业;职业病危害因素经治理后,符合国家职业卫生标准和卫生要求,方可重新作业。"

《中华人民共和国矿山安全法》第十七条规定:"矿山企业必须对作业场所中的有毒有害物质和井下空气含氧量进行检测,保证符合安全要求。"

《中华人民共和国消防法》第十八条规定:"禁止在具有火灾、爆炸危险的场所使用明火;因特殊情况需要使用明火作业的,应当按照规定事先办理审批手续。"

《工厂安全卫生规程》、《生产过程安全卫生要求总则》(GB 12801—91)、《工业企业设计卫生标准》(GBZ 1—2002)等对企业的作业环境提出了要求。

(1) 爆炸危险场所

1995年1月22日原劳动部颁布了《爆炸危险场所安全规定》。

爆炸危险场所是指,由于爆炸性混合物出现造成爆炸事故危险,而必须对其生产、使用、储存和装卸采取预防措施的场所。可评价为特别危险场所、高度危险场所和一般危险场所三个等级。

特别危险场所是指物质的性质特别危险,储存的数量特别大,工艺条件特殊,一旦发生爆炸事故将会造成巨大的经济损失,严重的人员伤亡,危害极大的危险场所。

高度危险场所是指物质的危险性较大,储存的数量较大,工艺条件较为特殊,一旦发生爆炸事故,将会造成较大的经济损失,较为严重的人员伤亡,具有一定危害的危险场所。

一般危险场所是指物质的危险性较小,储存的数量也较少,工艺条件一般,即使发生爆炸事故,所造成的危害较小的场所。

不同程度的爆炸危险场所应采取相应的安全防范措施。

(2) 有毒、有害场所

2002年5月12日国务院颁布了《使用有毒物品作业场所劳动

保护条例》。

1987年12月3日国务院颁布了《中华人民共和国尘肺病防治条例》。

1999年12月24日卫生部颁布了《工业企业职工听力保护规范》。

2002年5月卫生部颁布《工业企业设计卫生标准》(GBZ 1—2002)。

2002年5月卫生部颁布《工作场所有害因素职业接触限值》(GBZ 2—2002)。

作业场所的有毒、有害物质及温度直接影响职工的身体健康,所以国家有严格的法规规定。《工作场所有害因素职业接触限值》(GBZ 2—2002)规定了工作场所的329种有毒物质,47种粉尘,1种生物因素,8种物理因素接触限值,有关职业性放射性危害执行国家放射卫生防护标准。

4. 事故预防管理方面的法规要求

《中华人民共和国劳动法》第五十二条规定:"用人单位必须建立、健全劳动安全卫生制度"。

《中华人民共和国安全生产法》第十七条规定:"生产经营单位的主要负责人对本单位安全生产工作负有下列职责:

1) 建立、健全本单位安全生产责任制;

2) 组织制定本单位安全生产规章制度和操作规程;

3) 保证本单位安全生产投入的有效实施;

4) 督促、检查本单位的安全生产工作,及时消除生产安全事故隐患;……"。"第四章 安全生产的监督管理"在国家对生产经营单位实施安全生产监督管理方面作出了规定。

《中华人民共和国职业病防治法》第五条规定:"用人单位应当建立、健全职业病防治责任制,加强对职业病防治的管理,提高职业病防治水平,对本单位产生的职业病危害承担责任。"

第八条规定:"国家实行职业卫生监督制度。国务院卫生行政部门统一负责全国职业病防治的监督管理工作。国务院有关部门在各自的职责范围内负责职业病防治的有关监督管理工作。县级以上地方人民政府卫生行政部门负责本行政区域内职业病防治的监督管理工作。县级以上地方人民政府有关部门在各自的职责范围内负责职业病防治的有关监督管理工作。""第五章　监督检查"在国家对用人单位职业卫生实施监督检查方面作出了规定。

(1) 安全生产与职业病防治责任制

《中华人民共和国安全生产法》和《中华人民共和国职业病防治法》明确规定企业必须建立安全生产与职业病防治责任制。此外,早在1963年3月30日国务院发布的《关于加强企业生产中安全工作的几项规定》中明确规定,为了进一步贯彻执行安全生产方针,加强企业生产中安全工作的领导和管理,以保证职工的安全与健康,促进生产,企业应建立"五项制度":安全生产责任制;安全技术措施计划;安全生产教育;安全生产的定期检查;伤亡事故的调查和处理。

安全生产与职业病防治责任制是最基本的职业健康安全管理制度,是所有职业健康安全制度的核心。安全生产与职业病防治责任制是按照职业健康安全方针和"管生产的同时必须管安全"的原则,将各级负责人员、各职能部门及其工作人员和各岗位生产工人在职业健康安全方面应做的事情及应负的责任加以明确规定的一种制度。

(2) 职业健康安全检查制度

职业健康安全检查制度是清除隐患、防止事故、改善劳动条件的重要手段,是企业职业健康安全管理工作的一项重要内容。通过职业健康安全检查可以发现企业及生产过程中的危险因素,以便有计划地采取措施,保证安全生产。

职业健康安全检查可分为日常性检查、专业性检查、季节性检查、节假日前后的检查和不定期检查。

日常性检查,即经常的、普遍的检查。企业一般每年进行2~4次;车间、科室每月至少进行一次;班组每周、每班次都应进行检查。专职安全技术人员的日常检查应该有计划,针对重点部位周期性地进行。

专业性检查是针对特种作业、特种设备、特殊场所进行的检查,如电焊、气焊、起重设备、运输车辆、锅炉压力容器、易燃易爆场所等。

季节性检查是根据季节特点,为保障安全生产的特殊要求所进行的检查。如春季风大,要着重防火、防爆;夏季高温多雨雷电,要着重防暑、降温、防汛、防雷击、防触电;冬季着重防寒、防冻等。

节假日前后的检查包括节日前进行安全生产综合检查,节日后要进行遵章守纪的检查等。

不定期检查是指在装置、机器、设备开工和停工前,检修中,新装置、机器、设备竣工及试运转时进行的安全检查。

(3) 安全技术措施计划制度

职业健康安全措施计划制度是职业健康安全管理制度的一个重要组成部分,是企业有计划地改善劳动条件和安全卫生设施,防止工伤事故和职业病的重要措施之一。这种制度对企业加强劳动保护,改善劳动条件,保障职工的安全和健康,促进企业生产经营的发展都起着积极作用。

1) 职业健康安全措施计划编制的主要内容包括:

A. 单位或工作场所;

B. 措施名称;

C. 措施内容和目的;

D. 经费预算及其来源;

E. 负责设计、施工的单位或负责人;

F. 开工日期及竣工日期;

G. 措施执行情况及其效果。

2) 职业健康安全措施计划的范围应包括:

改善劳动条件、防止伤亡事故、预防职业病和职业中毒等内容,具体有以下几种:

A. 安全技术措施,即预防劳动者在劳动过程中发生工伤事故的各项措施,其中包括防护装置、保险装置、信号装置、防爆炸设施等措施。

B. 职业卫生措施,即预防职业病和改善职业卫生环境的必要措施,其中包括防尘、防毒、防噪声、通风、照明、取暖、降温等措施。

C. 房屋设计等辅助性措施,即为保障安全技术、职业卫生环境所必需的房屋设施等措施,其中包括更衣室、沐浴室、消毒室、妇女卫生室、厕所等。

D. 职业健康安全宣传教育措施,即为宣传普及职业健康安全法律、法规、基本知识所需要的措施,其主要内容包括:职业健康安全教材、图书、资料,职业健康安全展览和训练班等。

(4) 职业健康安全国家监督管理

职业健康安全国家监督管理是指国家法律、法规授权的行政部门,代表政府对企业的生产过程实施职业健康安全监督;以政府的名义,运用国家权力对生产单位在履行职业健康安全职责和执行职业健康安全政策、法律、法规和标准的情况依法进行监督、纠举和惩诫制度。

职业健康安全监督管理具有特殊的法律地位。执行机构设在行政部门,设置原则、管理体制、职责、权限、监察人员任免均由国家法律、法规所确定。职业健康安全监督机构与被监督对象没有上下级关系,只有行政执法机构和法人之间的法律关系。职业健康安全监督机构在法律授权范围内可以采取包括强制手段在内的多种监督检查形式和方法。

职业健康安全监督机构的监督活动是从国家整体利益出发,依据法律、法规对政府和法律负责,既不受行业部门或其他部门的限制,也不受用人单位的约束。

职业健康安全监督具有专属性。而执法主体是县级和县级以上法律、法规授权的行政部门,而不是其他的国家机关和群众团体。职业健康安全监督还具有强制性。职业健康安全监督机构对违反职业健康安全法律、法规、标准的行为,有权采取行政措施,并具有一定的强制特点。这是因为它是以国家的法律、法规为后盾的,任何单位或个人必须服从,以保证法律的实施,维护法律的尊严。

《中华人民共和国安全生产法》第四章、《中华人民共和国职业病防治法》第五章对我国职业健康安全国家监督管理作了具体规定。

(二) 事故处理的法规要求

《中华人民共和国劳动法》第五十七条规定:"国家建立伤亡事故和职业病统计报告和处理制度。县级以上各级人民政府劳动行政部门、有关部门和用人单位应当依法对劳动者在劳动过程中发生的伤亡事故和劳动者的职业病状况,进行统计、报告和处理。"

《中华人民共和国安全生产法》第十三条规定:"国家实行生产安全事故责任追究制度,依照本法和有关法律、法规的规定,追究生产安全事故责任人员的法律责任。"第五章对生产安全事故的应急救援与调查处理作了具体规定。

《中华人民共和国职业病防治法》第十九条规定:"用人单位应当采取下列职业病防治管理措施:……;(六)建立、健全职业病危害事故应急救援预案。"第三十四条规定,"发生或者可能发生急性职业病危害事故时,用人单位应当立即采取应急救援和控制措施,并及时报告所在地卫生行政部门和有关部门。卫生行政部门接到报告后,应当及时会同有关部门组织调查处理;必要时,可以采取临时控制措施。对遭受或者可能遭受急性职业病危害的劳动者,用人单位应当及时组织救治、进行健康检查和医学观察,所需费用由用人单位承担。"第四章对职业病诊断与职业病病人保障作了具体规定。

《中华人民共和国消防法》第十六条规定:"……。消防安全重点单位……应当履行下列消防安全职责:……;(四)制定灭火和应急疏散预案,定期组织消防演练。"第四章对灭火救援作了具体规定。

1. 生产安全事故的应急救援与调查处理

(1) 生产安全事故的应急救援

《中华人民共和国安全生产法》第六十八条规定:"县级以上地

方各级人民政府应当组织有关部门制定本行政区域内特大生产安全事故应急救援预案,建立应急救援体系。"

第六十九条规定:"危险物品的生产、经营、储存单位以及矿山、建筑施工单位应当建立应急救援组织;生产经营规模较小,可以不建立应急救援组织的,应当指定兼职的应急救援人员。危险物品的生产、经营、储存单位以及矿山、建筑施工单位应当配备必要的应急救援器材、设备,并进行经常性维护、保养,保证正常运转。"

生产经营单位负责人接到事故报告后,一是根据应急救援预案和事故的具体情况迅速采取有效措施,组织抢救;二是千方百计防止事故扩大,减少人员伤亡和财产损失;三是严格执行有关救护规程和规定,严禁救护过程中的违章指挥和冒险作业,避免救护中的伤亡和财产损失;四是注意保护事故现场,不得故意破坏事故现场、毁灭有关证据。生产经营单位发生重大生产安全事故时,单位的主要负责人应当立即组织抢救。有关地方人民政府的负责人接到重大生产安全事故报告后,要立即赶到事故现场,组织抢救。负有安全生产监督管理职责的部门的负责人接到重大生产安全事故报告后,也必须立即赶到事故现场,组织抢救。重大生产安全事故的抢救应当成立抢救指挥部,由指挥部统一指挥。

(2) 生产安全事故的调查处理

1) 伤亡事故分类

伤亡事故的分类,分别从不同方面描述了事故的不同特点。根据我国有关法规和标准,目前应用比较广泛的伤亡事故分类主要有以下几种。

A. 按伤害程度分类

轻伤,指损失工作日为一个工作日以上(含1个工作日),105个工作日以下的失能伤害;

重伤,指损失工作日为105个工作日以上(含105个工作日)的失能伤害,重伤的损失工作日最多不超过6000日;

死亡,其损失工作日为6000日,这是根据我国职工的退休年龄和平均寿命计算出来的。

B. 按事故严重程度分类

轻伤事故,指只有轻伤的事故;

重伤事故,指有重伤没有死亡的事故;

一般死亡事故,指一次死亡 1～2 人的事故;

重大伤亡事故,指一次死亡 3～9 人的事故;

特大伤亡事故,指一次死亡 10 人以上(含 10 人)的事故。

C. 按事故类别分类

GB 6441—86《企业职工伤亡事故分类》中,将事故类别划分为 20 类,即物体打击、车辆伤害、机械伤害、起重伤害、触电、淹溺、灼烫、火灾、高处坠落、坍塌、冒顶片帮、透水、放炮、瓦斯爆炸、火药爆炸、锅炉爆炸、容器爆炸、其他爆炸、中毒和窒息、其他伤害。

D. 按受伤性质分类

受伤性质是指人体受伤的类型,实质上是从医学的角度给予创伤的具体名称,常见的有:电伤、挫伤、割伤、擦伤、刺伤、撕脱伤、扭伤、倒塌压埋伤、冲击伤。

2) 伤亡事故报告

伤亡事故按如下程序报告:

A. 伤亡事故发生后,负伤者或者事故现场有关人员应当立即直接或逐级报告企业负责人。

B. 企业负责人接到重伤、死亡、重大死亡事故报告后,应当立即报告企业主管部门和企业所在地安全生产行政主管部门、公安部门、人民检察院、工会。

C. 企业主管部门和安全生产行政主管部门接到死亡、重大死亡事故报告后,应当立即按系统逐级上报;死亡事故报至省、自治区、直辖市企业主管部门和安全生产行政主管部门;重大死亡事故报至国务院有关主管部门。

3) 伤亡事故调查

伤亡事故调查按下列规定进行:

A. 按有关规定,组成事故调查组。

B. 事故调查组独立开展事故调查工作,在事故调查过程中一是有权向发生事故的单位和有关单位、有关人员了解情况和索取资料,任何单位和个人不得拒绝;二是任何单位和个人不得阻碍、干涉事故调查组的正常工作。

C. 事故调查组根据事故调查的实际情况写出事故报告后,应当将事故调查报告报送组织调查的部门,由组织事故调查的部门批复结案。

4) 伤亡事故处理

伤亡事故处理按下列规定进行:

A. 事故调查组提出的事故处理意见和防范措施建议,由发生事故的企业及其主管部门负责处理。

B. 因忽视安全生产、违章指挥、违章作业、玩忽职守或者发现事故隐患、危害情况而不采取有效措施以致造成伤亡事故的,由企业主管部门或者企业按照国家有关规定,对企业负责人和直接责任人员给予行政处分;构成犯罪的,由司法机关依法追究刑事责任。

C. 在伤亡事故发生后隐瞒不报、谎报、故意迟延不报、故意破坏事故现场,或者以不正当理由,拒绝接受调查以及拒绝提供有关情况和资料的,由有关部门按照国家有关规定,对有关单位负责人和直接责任人员给予行政处分,构成犯罪的,由司法机关依法追究刑事责任。

D. 伤亡事故处理工作应当在 90 天内结案,特殊情况不得超过 180 天。伤亡事故处理结案后,应当公开宣布处理结果。

5) 伤亡事故统计

伤亡事故统计按下列规定进行:

A. 企业职工伤亡事故统计实行以地区考核为主的制度。各级隶属关系的企业和企业主管单位要按当地安全生产行政主管部门规定的时间报送报表。

B. 安全生产行政主管部门对各部门的企业职工伤亡事故情况实行分级考核。企业报送主管部门的数字要与报送当地安全生产行政主管部门的数字一致,各级主管部门应如实向同级安全生产行政主管部门报送。

C．省级安全生产行政主管部门和国务院各有关部门及计划单列的企业集团的职工伤亡事故统计月报表、年报表应按时报到国家安全生产行政主管部门。

2．职业病诊断与职业病病人保障

（1）职业病危害事故调查处理办法

1）职业病危害事故分类

2002年5月1日卫生部颁布的《职业病危害事故调查处理办法》第二条规定:"按一次职业病危害事故所造成的危害严重程度,职业病危害事故分为三类:

A．一般事故:发生急性职业病10人以下的；

B．重大事故:发生急性职业病10人以上50人以下或者死亡5人以下的,或者发生职业性炭疽5人以下的；

C．特大事故:发生急性职业病50人以上或者死亡5人以上,或者发生职业性炭疽5人以上的。放射事故的分类及调查处理按照卫生部制定的《放射事故管理规定》执行。"

2）职业病危害事故报告

《职业病危害事故调查处理办法》第六条规定:"发生职业病危害事故时,用人单位应当立即向所在地县级卫生行政部门和有关部门报告。"第七条规定:"县级卫生行政部门接到职业病危害事故报告后,应当实施紧急报告:

A．特大和重大事故,应当立即向同级人民政府、省级卫生行政部门和卫生部报告；

B．一般事故,应当在6小时内向同级人民政府和上级卫生行政部门报告。"

第八条规定:"接收遭受急性职业病危害劳动者的首诊医疗卫生机构,应当及时向所在地县级卫生行政部门报告。"

3）职业病危害事故处理

根据《职业病危害事故调查处理办法》,应对职业病危害事故作如下处理：

A. 发生职业病危害事故时，用人单位应当根据情况立即采取紧急措施。

B. 卫生行政部门接到职业病危害事故报告后，根据情况可采取相应措施。

C. 事故发生后，卫生行政部门应当及时组织用人单位主管部门、公安、安全生产部门、工会等有关部门组成职业病危害事故调查组，进行事故调查。

D. 事故调查组进行现场调查取证，作出职业病危害事故调查报告。

E. 卫生行政部门根据事故调查组提出的事故处理意见，决定和实施对发生事故的用人单位的行政处罚，并责令用人单位及其主管部门负责落实有关改进措施建议。

F. 职业病危害事故处理工作应当按照有关规定在90日内结案，特殊情况不得超过180日。

（2）职业病种类

根据2002年4月卫生部、劳动和社会保障部颁布的《职业病目录》，我国职业病共分为10类115种：

1）尘肺

包括矽肺、煤工尘肺等13种。

2）职业性放射性疾病

包括外照射急性放射病、外照射亚急性放射病等11种。

3）职业中毒

包括铅及其化合物中毒、汞及其化合物中毒等56种。

4）物理因素所致职业病

包括中暑、减压病等5种。

5）生物因素所致职业病

包括炭疽、森林脑炎、布氏杆菌病3种。

6）职业性皮肤病

包括接触性皮炎、光敏性皮炎等8种。

7) 职业性眼病

包括化学性眼部灼伤、电光性眼炎、职业性白内障3种。

8) 职业性耳鼻喉口腔疾病

包括噪声聋、铬鼻病、牙酸蚀病3种。

9) 职业性肿瘤

包括联苯胺所致膀胱癌、苯所致白血病等8种。

10) 其他职业病

包括金属烟热、职业性哮喘等5种。

(3) 职业病报告

根据卫生部1988年8月20日颁布的《职业病报告办法》的规定，职业病报告实行以地方为主，逐级上报的办法。地方各级卫生行政部门指定相应的职业病防治机构或卫生防疫机构负责职业病报告工作。一切企、事业单位发生的职业病，都应报告当地卫生监督机构，由卫生监督机构统一汇总上报。

(4) 职业病诊断与处理

根据卫生部2002年5月1日颁布的《职业病诊断与鉴定管理办法》、1987年11月5日颁布的《职业病范围和职业病患者处理办法的规定》，职业病诊断应当由省级卫生行政部门批准的医疗卫生机构承担，职业病诊断机构依法独立行使诊断权，并对其作出的诊断结论承担责任，当事人对职业病诊断有异议的，在接到职业病诊断证明书之日起30日内，可以向作出诊断的医疗卫生机构所在地区的市级卫生行政部门申请鉴定。职工被确诊患有职业病后，其所在单位应根据职业病诊断机构的意见，安排其医治或疗养。在医治或疗养后被确认不宜继续从事原有害作业或工作的，应自确认之日起的两个月内将其调离原工作岗位，另行安排工作；对于因工作需要暂不能调离的生产、工作的技术骨干，调离期限最长不得超过半年。

患有职业病的职工变动工作单位时，其职业病待遇应由原单位负责或两个单位协调处理，双方商妥后方可办理调转手续。并将其健康档案、职业病诊断证明及职业病处理情况等材料全部移交新单位。调出、调入单位都应将情况报告所在地区劳动卫生职业病防治机构备案。

职工到新单位后,新发生的职业病不论与现工作有无关系,其职业病待遇由新单位负责。

劳动合同制工人,临时工终止或解除劳动合同后,在待业期间新发现的职业病,与上一个劳动合同期工作有关时,其职业病待遇由原终止或解除劳动合同的单位负责。如原单位已与其他单位合并,由合并后的单位负责;如原单位已撤销,应由原单位的上级主管机关负责。

(三)职业健康安全的法律责任

《中华人民共和国劳动法》第九十二条规定:"用人单位的劳动安全设施和劳动卫生条件不符合国家规定或者未向劳动者提供必要的劳动防护用品和劳动保护设施的,由劳动行政部门或者有关部门责令改正,可以处以罚款;情节严重的,提请县级以上人民政府决定责令停产整顿;对事故隐患不采取措施,致使发生重大事故,造成劳动者生命和财产损失的,对责任人员,比照刑法第一百八十七条的规定追究刑事责任。"

第九十三条规定:"用人单位强令劳动者违章冒险作业,发生重大伤亡事故,造成严重后果的,对责任人依法追究刑事责任。"

第九十四条规定:"用人单位非法招用未满十六周岁的未成年人的,由劳动行政部门责令改正,处以罚款;情节严重的,由工商行政管理部门吊销营业执照。"

第九十五条规定:"用人单位违反本法对女职工和未成年工的保护规定,侵害其合法权益的,由劳动行政部门责令改正,处以罚款;对女职工或者未成年工造成损害的,应当承担赔偿责任。"

《中华人民共和国安全生产法》的"第六章 法律责任"对违反安全生产法规所承担的法律责任作了具体规定。

《中华人民共和国职业病防治法》的"第六章 法律责任"对违反职业病防治法规所承担的法律责任作了具体规定。

《中华人民共和国刑法》第113条规定:"从事交通运输的人员

违反规章制度,因而发生重大事故,致人重伤、死亡或者使公共财产遭受重大损失的,处三年以上七年以下徒刑。非交通运输人员犯前款的,依照前款规定处罚。"

第114条规定:"工厂、矿山、林场、建筑企业或者其他企业、农业单位的职工,由于不服管理、违反规章制度,或者强令工人违章冒险作业,因而发生重大伤亡事故,造成严重后果的,处三年以下有期徒刑或者拘役,情节特别恶劣的,处三年以上七年以下有期徒刑。"

第115条规定:"违反爆炸性、易燃性、放射性、毒害性、腐蚀性物品的管理规定,在生产、储存、运输、使用中发生重大事故,造成严重后果的,处三年以下有期徒刑或者拘役;后果特别严重的,处三年以上七年以下有期徒刑。"

第187条:"国家工作人员由于玩忽职守,致使公共财产、国家和人民利益遭受重大损失的,处五年以下有期徒刑或者拘役。"

1. 违反职业健康安全法规的民事责任

民事责任是民事法律责任的简称。它是指民事法律关系的主体没有按照法律规定或合同约定履行自己的民事义务,或者侵害了他人的合法权益,所应承担的法律后果。民事责任是保护民事权利的重要法律措施。

根据《中华人民共和国民法通则》第一百三十四条的规定,承担民事责任的方式主要有:

(1) 停止侵害;
(2) 排除妨碍;
(3) 消除危险;
(4) 退还财产;
(5) 恢复原状;
(6) 修理、重作、更换;
(7) 赔偿损失;
(8) 支付违约金;
(9) 消除影响、恢复名誉;

(10) 赔礼道歉。

《中华人民共和国安全生产法》第七十九条规定:"承担安全评价、认证、检测、检验工作的机构,出具虚假证明,构成犯罪的,依照刑法有关规定追究刑事责任;尚不够刑事处罚的,没收违法所得,违法所得在5000元以上的,并处违法所得2倍以上5倍以下的罚款;没有违法所得或者违法所得不足5000元的,单处或者并处5000元以上2万元以下的罚款,对其直接负责的主管人员和其他直接责任人员处5000元以上5万元以下的罚款;给他人造成损害的,与生产经营单位承担连带赔偿责任。对有前款违法行为的机构,撤销其相应资格。"

第八十六条规定:"生产经营单位将生产经营项目、场所、设备发包或者出租给不具备安全生产条件或者相应资质的单位或者个人的,责令限期改正,没收违法所得;违法所得5万元以上的,并处违法所得1倍以上5倍以下的罚款;没有违法所得或者违法所得不足5万元的,单处或者并处1万元以上5万元以下的罚款;导致发生生产安全事故给他人造成损害的,与承包方、承租方承担连带赔偿责任。生产经营单位未与承包单位、承租单位签订专门的安全生产管理协议或者未在承包合同、租赁合同中明确各自的安全生产管理职责,或者未对承包单位、承租单位的安全生产统一协调、管理的,责令限期改正;逾期未改正的,责令停产停业整顿。"

第九十五条规定:"生产经营单位发生生产安全事故造成人员伤亡、他人财产损失的,应当依法承担赔偿责任;拒不承担或者其负责人逃匿的,由人民法院依法强制执行。生产安全事故的责任人未依法承担赔偿责任,经人民法院依法采取执行措施后,仍不能对受害人给予足额赔偿的,应当继续履行赔偿义务;受害人发现责任人有其他财产的,可以随时请求人民法院执行。"

《中华人民共和国职业病防治法》第六十三条、第六十四条等对用人单位未按照规定组织劳动者进行职业卫生培训,或者未对劳动者个人职业病防护采取指导、督促措施的;未提供职业病防护设施和个人使用的职业病防护用品,或者提供的职业病防护设施和个人使用的职业病防护用品不符合国家职业卫生标准和卫生要求的等等;由卫生行政部门给予警告,责令限期改正。

2. 违反职业健康安全法规的行政责任

行政责任是行政法律责任的简称,指的是有违反有关行政管理的法律、法规的规定,但尚未构成犯罪的行为所依法应当承担的法律后果。行政责任分为两类,即行政处分和行政处罚。行政处分是对国家工作人员及由国家机关委派到企业事业单位任职的人员的行政违法行为,由所在单位或者其上级主管机关所给予的一种制裁性处理。按照《中华人民共和国行政监察法》及国务院有关规定,行政处分的种类包括:警告、记过、降级、降职、撤职、开除等。行政处罚是追究行政责任的主要方式。行政处罚是由法定的行政执法机关或者法律授权的或者由行政机关依法委托的有关组织对有违反行政法律、法规的行为但尚不构成犯罪的单位或个人实施的处罚,是行政责任中适用最广的一种责任形式。根据《中华人民共和国行政处罚法》,行政处罚主要有以下几种:警告、罚款、没收非法所得财物、责令停产停业、暂扣或者吊销许可证或执照、行政拘留等。

《中华人民共和国安全生产法》第七十八条规定:"负有安全生产监督管理职责的部门,要求被审查、验收的单位购买其制造的安全设备、器材或者其他产品的,在对安全生产事项的审查、验收中收取费用的,由其上级机关或者监察机关责令改正,责令退还收取的费用;情节严重的,对直接负责的主管人员和其他直接责任人员依法给予行政处分。"《中华人民共和国安全生产法》的其他条款,以及 2001 年 4 月 21 发布的《国务院关于特大安全事故行政责任追究的规定》、原国家经贸委 2003 年 2 月 28 日发布的《安全生产行政复议暂行办法》,对违反安全生产法规的行政处罚作了具体规定。

《中华人民共和国职业病防治法》第七十五条规定:"卫生行政部门不按照规定报告职业病和职业病危害事故的,由上一级卫生行政部门责令改正,通报批评,给予警告;虚报、瞒报的,对单位负责人、直接负责的主管人员和其他直接负责人员依法给予降级、撤职或者开除的行政处分。"其他一些条款对违反《中华人民共和国职业病防治法》的行为作了具体行政责任的规定。

3. 违反职业健康安全法规的刑事责任

刑事责任是国家刑事法律规定的犯罪行为所应承担的法律后果。任何公司、法人实施了违反刑事法律的行为,都要承担由于他的行为所造成的法律后果。犯罪与刑事责任是紧密联系的,认定犯罪的目的,就是为了追究犯罪人的刑事责任。凡是犯罪行为都是应当负刑事责任的;不是犯罪行为就不能追究刑事责任。犯罪是指一切危害国家主权、领土完整和安全,分裂国家、颠覆人民民主专政的政权和推翻社会主义制度,破坏社会秩序和经济秩序,侵犯国有财产或者劳动群众集体财产,侵犯公民的人身权利、民主权利和其他权利,以及其他危害社会的行为,依照法律应当受刑法处罚的,都是犯罪。但是情节显著轻微危害不大的,不认为是犯罪。根据《中华人民共和国刑法》,刑事处罚包括主刑和附加刑。主刑也叫基本刑罚,是对犯罪行为人适用的主要刑罚方法,它只能独立适用,不能附加适用。主刑包括:管制、拘役、有期徒刑、无期徒刑、死刑。附加刑又叫从刑,是补充主刑而适用的刑罚方法。附加刑也可以独立适用。附加刑罚主要有:罚金、剥夺政治权利、没收财产。

《中华人民共和国安全生产法》第八十条规定:"生产经营单位的决策机构、主要负责人、个人经营的投资人不依照本法规定保证安全生产所必需的资金投入,致使生产经营单位不具备安全生产条件的,责令限期改正,提供必需的资金;逾期未改正的,责令生产经营单位停产停业整顿。有前款违法行为,导致发生生产安全事故,构成犯罪的,依照刑法有关规定追究刑事责任"。其他一些条款对违反《中华人民共和国安全生产法》的行为作了具体刑事责任的规定。

《中华人民共和国职业病防治法》第七十一条规定:"用人单位违反本法规定,造成重大职业病危害事故或者其他严重后果,构成犯罪的,对直接负责的主管人员和其他直接责任人员,依法追究刑事责任。"其他一些条款对违反《中华人民共和国职业病防治法》的行为作了具体刑事责任的规定。

建设部等主管部门结合工程建设行业也制订了许多的行业规定或条例,是指导施工企业做好职业健康安全管理工作的法律依据,具体清单见下文。

(四) 主要的有关工程建设行业职业健康安全的法律法规清单

国家、行业关于安全生产的现行相关法律、法规、规章以及标准目录

1. 国家有关法律、法规

(1)《中华人民共和国安全生产法》(自2002年11月1日起施行);

(2)《中华人民共和国职业病防治法》(自2001年11月1日起施行);

(3)《中华人民共和国建筑法》(自1998年3月1日起施行);

(4)《中华人民共和国消防法》(自1998年9月1日起施行);

(5) 国务院《工厂安全卫生规程》(国议周字〈56〉第40号);

(6) 国务院《建筑安装工程安全技术规程》(国安全字〈56〉第40号);

(7) 国务院《关于加强企业生产中安全工作的几项规定》(国务院经簿字〈1963〉244号);

(8) 国务院《关于加强防尘防毒工作的报告》(国务院国发〈1984〉97号);

(9) 国务院第9号令《女职工劳动保护规定》(自1988年9月1日起施行);

(10) 国务院第75号令《企业职工伤亡事故报告和处理规定》(自1991年5月1日起施行)。

2. 安全技术方面的国家标准

(1)《手持式电动工具的管理、使用、检查和维修安全技术规程》(GB 3787—1993);

(2)《特低电压(ELV)限值》(GB/T 3805—1993);

(3)《安全标志》(GB 2894—1996);

(4)《高处作业分级》(GB/T 3608—1993);

(5)《工厂企业厂内铁路、道路运输安全规程》(GB 4387—1994);

(6)《企业职工伤亡事故分类》(GB/T 6441—1986);

(7)《安全帽》(GB 2811—1989);

(8)《安全带》(GB 6095—1985);

(9)《安全网》(GB 5725—1997);

(10)《密目式安全立网》(GB 16909—1997);

(11)《钢管脚手架扣件》(GB 15831—1995);

(12)《塔式起重机安全规程》(GB 5144—1994);

(13)《机械设备防护罩安全要求》(GB 8196—1987);

(14)《施工升降机安全规则》(GB 10055—1996);

(15)《建筑卷扬机安全规程》(GB 13329—1991);

(16)《柴油打桩机安全操作规程》(GB 13749—1992);

(17)《振动沉拔桩机安全操作规程》(GB 13750—1992)。

3. 国家机关等行业(部颁)标准及有关规定

(1)原城乡建设环境保护部《建筑机械使用安全操作规程》(JGJ 33—1986);

(2)建设部《高处作业吊篮安全规则》(JG 5027—1992);

(3)建设部《建筑施工安全检查标准》(JGJ 59—1999);

(4)建设部《施工现场临时用电安全技术规范》(JGJ 46—1988);

(5)建设部《建筑施工高处作业安全技术规范》(JGJ 80—1991);

(6)建设部《龙门架及井架物料提升机安全技术规程》(JGJ 88—1992);

(7)建设部第3号令《工程建设重大事故报告和调查程序规定》;

(8) 建设部第 13 号令《建筑安全生产监督管理规定》；
(9) 建设部第 15 号令《建筑工程施工现场管理规定》；
(10) 建设部《国营建筑企业安全生产工作条例》(城劳字〈83〉第 333 号)；
(11) 建设部《关于加强集体所有制建筑企业安全生产的暂行规定》(城劳字〈82〉第 248 号)；
(12) 建设部《关于印发〈加强塔式起重机安全使用管理的若干规定(试行)〉的通知》(城建字〈84〉第 5 号)；
(13) 建设部《关于开展施工多发性伤亡事故专项治理工作的通知》(建监〈1995〉525 号)；
(14) 建设部《关于印发〈塔式起重机拆装管理暂行规定〉的通知》(建建〈1997〉86 号)；
(15) 建设部《关于印发〈建筑企业职工安全培训教育暂行规定〉的通知》(建教〈1997〉83 号)；
(16) 建设部、国家工商局、国家技监局《关于对施工现场安全防护用品及设备进行抽查的通知》(建监〈96〉616 号)；
(17) 建设部、国家工商局、国家技监局《关于对施工现场安全防护用品及机械设备抽查情况的通报》(建建〈1998〉163 号)；
(18) 建设部、国家工商局、国家技监局《关于印发〈施工现场安全防护用具及机械设备使用监督管理规定〉的通知》(建建〈1998〉164 号)；
(19) 国家建工总局《建筑安装工人安全技术操作规程》(建工劳字〈80〉第 24 号)；
(20) 国家建工总局《关于加强劳动保护工作的决定》(建工劳字〈81〉第 208 号)；
(21) 国家计委、国家经委、国家建委《关于安排落实劳动保护技术措施经费的通知》(计劳〈1979〉326 号)；
(22) 中华全国总工会《关于颁发〈工会劳动保护监督检查员暂行条例〉、〈基层(车间)工会劳动保护监督检查员工作条例〉、〈工会小组劳动保护检查员工作条例〉的通知》)工总生字〈1985〉17

号);

(23) 劳动部、国家统计局《关于印发〈企业职工伤亡事故统计报表制度〉的通知》(劳计字〈1992〉74号);

(24) 公安部、劳动部、国家统计局《火灾统计管理规定》(1990年1月1日起施行);

(25) 公安部第6号令《仓库防火安全管理规则》(1990年4月10日起施行);

(26) 公安部、建设部《关于加强高层建筑和地下工程消防工作的通知》(公消字〈89〉48号);

(27) 公安部《高层建筑消防管理规则》(1986年7月1日起施行);

(28) 国务院《安全生产许可证条例》(2003年10月1日);

(29) 国务院《特种设备安全监察条例》(2003年6月1日起施行);

(30) 《突发公共卫生事件应急条例》(2004年7月1日起施行);

(31) 《建筑施工企业安全生产许可证管理规定》(2004年7月5日起施行)。

第三章 施工企业职业健康安全管理的特点

施工承包是发生职业健康安全事故的多发行业。1983年以来,每年因安全事故大约死亡1000人,其死亡人数已占全国因工死亡总数的20%,在生产性行业中仅次于煤炭业。同时职业病发病率也呈现不断增加的趋势,在全国四大直辖市卫生监督所从1994年到2001年12月份的统计中,全国四大直辖市60%~70%的急性职业中毒发生在建筑行业。建筑施工现场是建筑施工的作业场所,也是建筑施工生产中易发生伤亡事故的场地。建筑施工现场之所以事故发生率高,这主要是建筑施工的特点决定的。

第一节 施工现场的常见危险因素

建筑施工的特点要求我们必须高度重视企业生产过程中的职业健康安全管理。施工现场的不安全因素主要表现在以下几个方面:

1. 施工现场是真正完成建筑物生产的场所,在施工中可能出现的一些辅助机构,如钢筋加工、混凝土搅拌等,都是围绕现场施工生产服务的。由于施工现场的工程量最大,因而它是事故的易发部位,稍一疏忽,就可能发生重大事故。

2. 施工现场人员混杂,多工种、多工序易产生交叉施工作业的情况,且施工人员素质又参差不齐,往往出现违章作业、冒险蛮干的现象;或者只考虑自己工序生产,不顾及其他人的生命安全。有些人为了自己施工方便,随意拆改防护设施,或者随便动用电气设备,由此极易诱发伤亡事故。

3. 施工现场变化频繁,是导致事故发生的又一重要因素。建筑施工是建筑成品的生产过程,通过这一过程,把各种建筑材料变成成品建筑物。施工过程必然会呈现出复杂多变的状态,而个别施工人员对现场不熟悉,或者对这种变化的状态不适应,就可能发生事故。

4. 施工现场多为露天作业,受自然环境因素影响大。特别是在土方工程和主体结构施工过程中,雨雪天气、大风天气、气温骤冷骤热等等,往往对人和机械设备产生较大影响,因而易导致事故的发生。阴雨天气或炎热天气,人的皮肤潮湿,就容易发生触电事故。大风极易危及外架和吊篮等户外设施的稳定和使用安全。雷雨季节,施工现场上临时构筑物、建筑物倒塌,电气、机械设备的防雷接地不好等,易于带来淹溺、坍塌、打击、坠落、雷击、触电等事故。在盛夏酷热季节,露天作业常常发生中暑现象,室内或金属槽罐内作业,易造成昏晕和休克。

5. 工程竣工收尾时,比工程开工和进入高峰时,发生事故要频繁得多。高空作业和深坑作业,又常发生坠落、坍塌事故。夜间作业时,夜班比白班、后半夜比前半夜更容易发生事故。

6. 节日、假日、探亲前后,职工的思想波动,安排个人私事,放松安全生产的警惕,易于发生事故。重点危险工程,安全措施落实、管理抓得紧,思想高度集中事故少;相反在一般工程和修补工程上,事故发生多。原因在于领导重视不够,缺少具体安全措施,群众中也产生不在乎、艺高人胆大、不按照安全操作规程作业等。

7. 新工人安全技术知识不足,热情高,劲头大,好奇心理强,对安全生产防护用具使用不当或不愿意使用,忽视安全生产,从而造成事故者居多。

从施工工序的特点看,以下关键环节是施工企业职业健康安全的管理重点。

一、土方工程

一项工程,无论是工业厂房、写字楼、住宅楼,还是道路、桥梁都需要涉及基础工程施工。特别是现在在城市建设中,高层和超高层建筑不断增加,在建造大量高层和超高层建筑的同时,开发地下空间已成为一种趋势。在高层建筑施工中,基础工程已经是影响建筑施工总工期和总造价的重要因素。在软土地区,高层建筑基础工程的造价往往要占到工程总造价的 25%～40%,工期占到 1/3 左右。而土方工程是基础工程的前道工序,这主要是通过机械挖出基坑或基槽,在基坑或基槽位置做基础后,进行土方回填的过程。

土方工程的特点是使用机械的频率比较高,场地狭窄,因而容易发生场内车辆伤害事故;由于土方作业量大,土质情况及工艺措施复杂,土方坍塌事故也比较频繁。

二、钢筋工程

现代建设工程大多数为钢筋混凝土结构,钢筋在这种结构中占有极其重要的地位,钢筋施工是建筑施工中不可缺少的一道程序。钢筋施工包括钢筋的加工制作和钢筋绑扎两个方面。钢筋的加工制作是钢筋绑扎的上一工序,在钢筋的加工制作过程中一般均要使用钢筋加工机械,进行钢筋的调直、切断、弯曲、除锈、冷拉。因此在实际操作中会经常发生机械伤害事故和触电事故。钢筋绑扎一般均为手工操作,因作业条件不同、施工部位不同,现场的防护要点也不相同。

三、模板工程

模板是建筑工程中必须使用的工具材料之一。在现代工程建设中现浇结构的数量越来越大,模板使用的数量和频率也越来越大。模板根据其形式可以分为整体式模板、定型模板、工具式模板、翻转模板、滑动模板胎板等。按照材料的不同又可分为木模板、钢模板、钢木模板、铝合金模板、塑料模板等。模板系统包括模板和支架系统两大部分,这两部分应具有足够的强度、刚度和稳定性,才可能可靠地承受新浇筑混凝土的重量和侧压力,以及在施工过程中所产生的荷载而不至于发生事故。由于模板的大量使用,相应模板施工中所发生的事故也越来越多。模板工程中经常发生的事故有模板整体倒塌、炸模、胀凸等。因此施工作业人员在模板施工中要特别预防这类事故的发生。

四、混凝土工程

混凝土是建筑工程中应用最广泛的材料。混凝土工程包括配料、拌制、运输、浇筑、养护、拆模等一系列施工过程。近些年来,混凝土工程施工技术有了很大进步,混凝土搅拌已实现了机械化和半机械化,人工操作主要是在混凝土浇筑施工中。由于混凝土浇筑过程涉及振捣,经常容易发生触电事故。

五、预制构件吊装工程

预制构件吊装是用各种起重机械将预制的结构构件安装到设计位置的施工过程。由于该施工过程中要使用比较大的起重机械,并且吊装的构件一般重量都比较大,因此吊装工程中稍有不慎就会发生伤亡事故。

六、其他重要施工工程

包括砌筑工程、脚手架工程、施工现场料具存放、有毒有害物质的处理等。由于建筑施工随着生产的进行,建筑物向高处发展,高空作业现场增多,因此高空坠落是主要事故,多发生在洞口、临边处作业脚手架、模板龙门架等作业中。同时也会发生起重伤害,物件打击等伤害,事故隐患风险较大。

直接使劳动者受到伤害的原因,主要有:
(1) 高处坠落;
(2) 物体打击;
(3) 车辆伤害;
(4) 机器工具伤害;
(5) 触电;
(6) 淹溺;

(7) 灼烫；

(8) 火灾；

(9) 刺割；

(10) 起重伤害；

(11) 坍塌；

(12) 冒顶片帮；

(13) 透水；

(14) 放炮；

(15) 火药爆炸；

(16) 瓦斯爆炸；

(17) 锅炉和受压容器爆炸；

(18) 其他爆炸；

(19) 中毒和窒息；

(20) 其他伤害。

第二节 施工企业健康安全管理存在的问题

施工企业发生伤亡事故的基本原因有两条：一是人的不安全行为；二是物质的不安全状态。据统计80%以上的伤亡事故是由于人的不安全行为所造成。

一、对施工安全生产工作认识不足

一些部门和企业领导仍然对建筑安全生产工作的重要性、复杂性和艰巨性认识不足。有的把安全与技术、安全与生产隔离开来；有的还停留在戴好安全帽、系好安全带、设好安全网、做好临边洞口防护上。没有意识到建筑业的从业人员文化素质低、安全意识差的特点和建筑业是安全事故的多发性行业；没有意识到强制性标准对安全工作的重要意义；没有意识到安全工作应贯穿整个建筑施工活动的始终。安全生产工作还没有纳入到领导的重要议事日程。因此，不少地方和企业的安全生产责任制度不健全、责任不落实,安全生产监督管理薄弱,安全防护投入不足,安全检查流于形式,隐患得不到消除,事故频繁发生。

二、安全监督管理仍然薄弱

一些地区安全生产的法规和制度建设步伐缓慢,执法队伍不健全,安全生产执法监督经费没有解决,依法监督工作得不到保障。一些地区建设行政主管部门负责安全工作的人员和安全监督机构执法人员不熟悉安全生产的法规、标准、业务知识、依法行政、依法监督的水平不适应需要。一些企业重效益,轻安全,在企业转换经营机制中,撤销了安全和设备管理部门。

三、企业安全生产责任制度不健全,不落实

不少企业制定的安全生产责任制度空话、套话和废话多,具体可操作的内容少。如安全员岗位责任制,既没有明确本岗位人员的工作内容、工作要求和应具备的业务知识,也没有明确本岗位工作标准,奖惩不明确,结果是写在纸上、挂在墙上,行同虚设、无法落实。

四、施工现场安全管理、施工用电、脚手架和模板工程隐患严重

在安全隐患中,安全管理占11.4%,施工用电占20.8%,脚手架和模板占23.53%。不少单位在编写施工组织总设计、安全技术交底、专项安全施工方案和安全技术措施等技术文件时,依据不清,一些强制性标准的要求没有体现出来。在施工用电、脚手架和模板方面,不少单位的设计计算不全面,施工方案的内容不全面,安全技术交底程序不规范。还有一些单位根本就没有专项安全施工方案或相应的安全策划,违章指挥、违章作业现象仍然突出。

五、劳动保护监督检查工作还不适应新形势的要求

一些地区劳动保护监督检查组织不健全,人员配备少,素质偏

低。劳动保护监督检查组织工作处于低水平、低效能状态,未能发挥应有的作用。目前,建设部正在从三个方面加强职业健康安全工作。

一是加快安全生产的法规建设。我国已加入WTO和《建筑业健康安全公约》,《中华人民共和国安全生产法》也已出台,要求必须建立健全建筑安全生产的法规体系。建设部已经将《建设工程安全生产管理条例》于2004年度出台。

二是加强政府对建筑安全生产的监督管理。建设部要求各地建设行政主管部门必须按照《中华人民共和国建筑法》和《建设工程项目职业健康安全监察规定》、《建筑施工企业安全生产许可证管理规定》赋予的职责和责任,进一步提高对安全工作的认识,尽快建立本地区建设系统安全生产工作领导机构,定期研究安全生产工作,完善安全监督体制,建立安全监督管理执法机构,充实专业配套的执法队伍,解决执法监督经费,规范安全监督机构执法程序,强化政府对安全生产监督管理职能。

三是加大对企业执法检查的力度。要求建筑业企业和建设工程项目都应当建立以企业法定代表人和项目经理为第一责任人的安全生产责任制度,建立健全安全生产教育培训制度,完善企业和项目的安全管理机构和安全检查制度。

第三节 施工企业职业健康安全责任制和管理制度

一、企业各级人员的职业健康安全责任

(一)企业经理和主管生产副经理的安全责任

1. 对本企业的劳动保护和安全生产负最终责任。

2. 认真贯彻执行劳动保护和安全生产的有关政策、法规和各项规章制度。批准相关的目标、指标。

3. 制定企业各级干部的安全责任制,定期研究解决安全生产中的问题,定期向企业职代会报告安全生产情况和措施。

4．组织进行危险源辩识、风险评价及风险控制的策划,审批安全技术措施计划并贯彻实施,定期组织安全检查和开展安全评估活动等。

5．对职工进行安全教育和遵章守纪教育。督促各级领导和各职能部门的职工做好本职范围内的安全工作,总结推广安全生产先进经验。

6．主持重大伤亡事故的调查、分析,提出处理意见和改进措施并督促实施。

(二) 总工程师(安全技术负责人)的责任

1．对本企业劳动保护和安全生产技术工作负最终责任。

2．组织编写和审批施工组织设计(施工方案)和采用新技术、新工艺、新设备时,制定相应的安全技术措施及管理方案。

3．负责提出改善劳动条件的项目和实施措施,并付诸实施。

4．对职工进行安全技术教育,及时解决施工中的安全技术问题。

5．参加重大伤亡事故的调查分析,提出技术鉴定、意见和改进措施。

(三) 项目经理的安全责任

1．对本项目部劳动保护和安全生产工作负具体领导责任。

2．认真贯彻执行安全生产规章制度,不违章指挥。

3．组织项目工地的危险源识别、风险评价及控制措施的策划。制定和实施安全技术措施,经常进行安全检查,消除事故隐患。

4．负责制定项目部各项管理制度,制定管理层安全岗位责任制和现场安全、消防、保卫、文明施工的达标措施。制定行之有效的质量安全管理办法,不断完善施工管理过程中的质量安全保证体系。

5．对职工进行安全技术和安全纪律教育,制止违章作业。

6．发生伤亡事故要及时上报,并认真分析事故原因,提出和实现改进措施。

(四) 工长(施工员)的安全责任

1. 对所管工程的安全生产负直接责任。

2. 及时识别施工风险,组织实施安全技术措施,结合工程特点,逐条向班组进行详细的安全技术交底,履行签字手续。

3. 经常检查工人执行安全操作规程的情况,坚决制止不顾人身安全违章冒险蛮干的行为,组织班组学习安全操作规程及规定。

4. 组织职工进场并进行施工操作、安全教育,教育工人不违章作业,遵章守纪。

5. 参加项目部组织的安全检查。对负责施工单位工程的脚手架、机电设备等,进行检查验收,发现问题,及时纠正,做好验收签证记录。

6. 认真消除事故隐患,发生工伤事故及时上报,并填好工伤事故登记表,参加事故处理,认真做好安全防范。

(五) 安全员的责任

1. 在工程项目部和安全部门的领导下,督促本单位职工认真贯彻执行国家颁布的安全法规及本企业制定的安全生产规章制度,发现问题及时纠正,并向领导及时汇报。

2. 参加本单位承担工程的安全技术措施制定及向班组逐项进行的安全技术交底、验收,并履行签字手续。

3. 及时辨识危险源,评价风险,深入现场每道工序,掌握安全重点部位的情况,检查各种防护设施,纠正违章指挥、冒险蛮干。执法要以理服人,坚持原则,秉公办事。

4. 参加公司、项目部组织的定期安全检查。查出的问题,要督促其限期内整改完。发现危险及危害职工生命安全的重大安全隐患,有权制止作业,做好应急准备与响应的相关措施,组织职工撤离危险区域。

5. 发生工伤事故,要协助保护好现场,及时填表上报。认真负责参与工伤事故的调查,不隐瞒事故情节真实地向有关领导汇报情况。

(六) 班组长的安全责任

1. 模范遵守安全生产规章制度,领导本组安全作业。
2. 认真执行安全技术交底,有权拒绝违章指挥。
3. 班前要对使用的机具、设备、防护用品及作业环境进行安全检查,发现问题及时采取改进措施。
4. 组织班组安全活动,开好班前安全生产会。
5. 及时识别相关风险,发生工伤事故要立即向工长报告。

(七) 各部门的安全责任

生产部门:要合理组织生产,贯彻安全规章制度和施工组织设计(施工方案),加强现场平面管理,建立安全生产、文明生产秩序。

技术部门:要严格按照国家有关安全技术规程、标准编制设计施工、工艺等技术文件。提出相应的安全技术措施,编制安全技术规程,负责安全设备、仪器等技术鉴定和安全技术科研项目研究工作。

机械维修部门:对一切机电设备,必须配齐安全防护保险装置,加强机电设备、锅炉和压力容器的经常检查、维修、保养,确保安全运转,定期培训操作人员。

材料部门:对实现安全技术措施所需材料保证供应,对绳、杆、架木、安全帽、安全带、安全网要定期检查,不合格的要报废更新。

财务部门:要按照规定提供实现安全技术措施的经费,并监督其合理使用。

劳资部门:配合安全部门做好新工人、换岗工人、特种工人的培训、考核、发证工作。贯彻劳逸结合,严格控制加班加点。

公司将安全教育纳入重要议事日程,有计划地对各级职工进行安全技术培训。公司还要加强现场劳动卫生管理工作,监测有毒有害作业场所的尘毒浓度,提出职业病的预防和改善卫生条件的措施。

(八) 安全机构和专职安全员的责任

1. 做好安全管理工作和监督检查工作,贯彻执行有关安全技术劳动保护法规、规定。

2. 做好安全生产的宣传教育和管理工作，与有关部门共同做好新工人、特种工人的安全技术训练考核、发证工作。

3. 经常深入基层监督检查安全技术工作，掌握安全生产情况，调查研究生产中的不安全隐患和存在问题，提出改进意见和措施。

4. 组织安全活动和定期安全检查，总结交流推广先进经验。

5. 参加审查施工组织设计(施工方案)和编制安全技术措施计划，并对贯彻执行情况进行督促检查。

6. 制止违章作业和违章指挥，遇有险情有权暂停生产，并报告领导处理。对违反有关安全技术、劳动保护法规行为，经说服劝阻无效的有权越级上告。

7. 监督做好应急准备与响应工作，进行工伤事故统计分析和报告，参加工伤事故调查和处理。

(九) 项目部安全责任

1. 项目部管理人员，必须牢固树立"安全第一，预防为主"的思想，坚决贯彻"管生产的同时，必须管安全"的原则，把安全与生产真正统一起来，建立以项目经理为首的分级负责的安全生产保障体系，项目经理是项目工程安全生产的第一责任者。

2. 项目部应经常组织有关人员辩识危险源，评价风险，策划相关措施。进行安全意识教育和施工安全监督检查，指出存在问题，下发安全隐患整改单并认真履行复验手续。

3. 项目部应根据分部分项工程的特点，下达切合实际的书面安全方案安全交底，交底完毕后，应办理验收手续，符合要求后方可使用。同时做好应急准备与响应的相关工作。

4. 项目部要坚决执行安全生产检查制度；认真履行施工组织设计中的安全技术措施，狠抓安全防护设施和安全设置的落实。安排生产计划时，必须同时安排安全技术措施，绝不能为抢工期，强迫工人冒险作业，否则发生事故由直接指挥者负责。

5. 现场机械、机具，实行专人专机，安全操作要求挂牌，并实行一机一闸一保护，杜绝一闸多用。各种施工机械不准"带病"运转,不准超负荷使用。

6. 加强"三宝"利用,"四口五临边"防护,在建工程楼梯口、预留洞口、通道口等危险处,必须有防护设施和明显示警标志。

7. 现场临时用电,必须绘制电气平面布置图和接线系统图,项目部应每月组织一次临时用电检查,要求施工现场所用电气设备除作保护接零和接电外,同时在设备负荷线的首端处设置漏电保护装置。

8. 公司主管部门负责对项目安全活动进行监督,凡安全生产的规章制度不落实、不严格执行安全生产责任制、缺乏安全生产保证体系、出现安全事故的项目部,要相应扣减工资含量系数,按承包合同中的安全条例扣减相应的工资并对项目部有关人员给予严厉处罚。

9. 项目部要对入场的新工人进行教育,建立健全班前安全检查制度,安全员要严格按标准进行安全检查、评定,实行"安全一票否决权"。安全员有权对违反安全操作的操作者提出制止、整改、停工及处罚,并下达隐患通知书。

二、建筑施工健康安全管理制度

(一) 安全技术交底制度

安全技术交底是为对分部分项工程进行施工,或采用新工艺、新技术、新材料、新设备而制定的有针对性的安全技术要求。它具有一定的针对性、时效性和可操作性,以便指导工人安全施工。通常,分部分项工程的安全技术交底由工长或施工员书写,由被交底人签字后实施。

1. 安全技术交底是保证施工生产安全的重要措施,其目的是使施工人员通过安全技术交底,严格按照安全技术措施施工,确保工人不违章作业,保证安全生产。

2. 工程开工前,总工程师(技术负责人)要将工程概况、施工方法和安全技术措施向参加施工的工地负责人、工长和施工人员进行安全技术交底。

3．每个分项（分部）施工前，工长根据施工组织设计、安全技术措施向施工人员进行书面安全技术交底，交底要有日期，经双方签字，工地负责人审批。

4．交底内容要全面、有针对性，用专用表格一式三份，由交底人、接受人及安全员分存入档备查。

5．安全技术交底必须单独进行，不得与技术、质量混同。

6．安全交底内容：起重机具、机械设备安装使用拆除、临时用电、手持电动工具、施工机具、特种作业人员。

7．分项分部安全技术交底包括：土方开挖、回填、桩基基础、垫层、钢筋制作、成形绑扎、混凝土浇筑、模板工程、抹灰、架子、装饰、装潢、安全网支设、四口五临边维护。

8．针对人员：特种作业人员、各工种、外包队、临时工。

9．工长不进行安全交底，施工队组有权拒绝施工。

10．施工人员必须严格按照交底规定施工。

（二）施工现场安全保证措施

1．认真贯彻建筑安装安全生产操作规程，牢固树立"安全第一，预防为主"的思想，建立健全各级安全生产责任制，把安全工作放在一切工作的首位，真正做到不安全不生产。

2．坚持新工人入场安全教育，班前安全教育，要对各工种工人分期、分批按《建筑安装工人安全技术操作规程》的要求进行交底和学习。

3．施工现场要设立醒目的安全标志，施工人员进入现场必须戴安全帽，高空作业必须系安全带，接槎口、预留洞口、电梯口、通道口必须有防护设施。不准从高处向下抛掷建筑材料或施工垃圾。

4．根据现场周围活动情况，施工到二层时应固定一道安全网，对人行通道部位应搭设安全棚。龙门架（井字架）要用安全网围护，并搭设探头防护棚。进入各楼层入口处要有安全防护门。卸料平台处要有防护栏杆。

5．施工现场用点应设立总闸箱，采用分级配电，做到一机一闸—保护,各种电动机具的外壳,金属支架底座必须按规定采取可靠的接零接地保护,并设漏电保护器,形成可靠的保护系统。

6. 现场施工机械实行专人专机,不准带病运转,不准超负荷作业,不准在运转中维修和保养。各种机械设备的危险部位要有防护装置,并定期检修。

7. 钢管脚手架搭设的立杆间距不大于2m,大横杆间距不大于1.2m,小横杆间距不大于1.5m。钢管立杆大横杆接头要错开,要用扣件连接拧紧螺栓,不准用铁丝绑扎。

8. 瓦工不准站在砖墙上划缝,检查大角垂直度和清扫墙面,软砖应面向墙面,脚手架上的负荷量每立方米不准超过270kg。

9. 木工支模,支撑要牢固,顶板要平整,木楔要钉牢。模板没固定前,不得进行下道工序,严禁利用拉杆、支撑上下攀登。木工拆模必须经施工技术人员同意。操作时应按顺序分段进行。严禁猛橇、硬砸或大面积撬落和拉倒。

10. 钢筋工绑扎立柱、圈梁钢筋,不得站立在钢筋骨架上和砖墙上,拉直钢筋,卡头要牢固,地锚要牢固。切断机断料时,手与刀口距离不得小于15cm。弯曲机弯曲钢筋应注意放入插头的位置和回转方向,防止碰撞人和物。

11. 混凝土工使用振动棒应穿胶鞋,湿手不得接触开关,电源线不得有破皮漏电,浇筑混凝土车辆不得碾压钢筋,不得直接站在模板或支撑上操作,夜间浇筑必须有应急照明灯具。

(三) 项目部安全检查制度

1. 现场成立安全领导小组,建立健全安全保证体系,制定安全岗位责任制和安全生产方针、目标,项目部要每月检查、总结一次安全生产情况,各班组要每周检查一次安全生产情况。

2. 项目部的安全员要具体抓安全生产,各专业班组长要相应配合,项目经理要亲自过问安全生产情况和安全检查情况。

3. 每月定期集中检查一次施工机械使用状况,机具操作人员要随时注意机具的运行状况,发现问题及时维修保养。施工机具要设专机专人。

4. 实行班前班后安全自检记录,对提出的安全问题、事故隐患要及时处理,消除根源。

5. 工程项目经理部要对进场的龙门架、塔吊、脚手架等施工机械进行安全验收和试运转,确认运转正常后方可开始。

(四) 施工组织设计安全管理制度

1. 凡工程开工前必须有经总工程师审批签字的安全施工组织设计或施工方案。

2. 按行业标准布置设计施工现场,临时用电的平面、立面图、接线系统图。

3. 要配齐施工现场设备配备位置图,操作规程布置图,同时各图都要有说明。

4. 大型设备的安装,安全组织设计(施工方案)必须符合有关规定,并且有验收签证单。

5. 冬、雨季施工有安全技术措施。

(五) 特种作业人员持证上岗制度

1. 基本定义

(1) 特种作业是指对操作者本人,尤其是对他人和周围设施的安全有重大危害因素的作业。

(2) 特种作业人员是直接从事特种作业者。

2. 特种作业范围

(1) 电工作业;

(2) 锅炉燃烧;

(3) 压力容器操作;

(4) 起重机械作业;

(5) 金属焊接(气割)作业;

(6) 厂内机动车辆驾驶;

(7) 建筑登高架设作业。

3. 特种作业人员应具备的条件

年满18周岁,工作认真负责,身体健康,无妨碍从事本作业的疾病和生理缺陷,具有本作业所需的文化程度和安全、专业技术及实践经验。

4．培训

（1）从事特种作业的人员，必须进行安全教育和安全技术培训。

（2）公司安全部门会同当地劳动部门和机械动力、技术、劳资、职工培训等部门对特种作业人员进行培训、复审工作。

（3）培训的时间和内容要严格按照特种作业《安全技术考核标准》和有关规定执行。

5．考核发证和持证上岗

（1）特种作业人员经安全技术培训后，经地区以上劳动部门考核合格取得操作证后，方准独立作业。

（2）考核分安全技术理论和实际操作两部分，考核都必须达到合格要求，不合格者可进行补考，补考仍不合格的要重新培训。

（3）考核内容根据特种作业《安全技术考核标准》和有关规定。

（4）特种作业人员考核发证工作由当地劳动部门或指定的单位考核发证。

（5）特种作业人员经培训考核发证后，必须持证上岗，无操作证严禁从事特种作业。

6．复审

（1）取得操作证的特种操作人员每两年必须进行一次复审，内容分工种安全技术理论和实际操作。

（2）进行体检。

（3）对事故责任者检查。

（4）复审不合格者，可在每月内再进行一次复审，仍不合格收缴操作证。凡未按规定复审的不得上岗，如上岗按无证论处。

7．工作变迁

特种作业人员要保证相对稳定，异地工作时经所到地区劳动部门审核同意，可从事原作业。

8．奖惩

（1）对特种作业人员奖励与处罚应根据国务院《企业职工奖惩条例》和公司有关制度实施。

（2）对操作和造成事故者,公司安全专业人员有权根据情节扣证,情节特别严重的有权上报发证机关,吊销操作证并进行处罚。

（六）施工现场安全标志、标语设置制度

1. 施工现场大门要宽敞大方,在明显位置设二图六牌三标。

2. 按照国家规定,凡在危险场所都要挂设安全警示牌,施工范围内的高空、陡坡、深坑、主要交通口应设防护或设置有针对性的安全标志牌,夜间有红灯警示。

3. 各种机械设备都要配齐安全操作规程,并有说明的平面位置图。

4. 施工现场要有安全生产标志、警示牌位置的平面图和说明。

5. 现场安全生产标语牌设置平面图和说明。

（七）健康安全措施的主要内容

由于建筑工程的结构复杂多变,各施工工程所处地理位置、环境条件不尽相同,无统一的安全技术措施,所以编制时应结合本企业的经验教训,工程所处位置和结构特点,以及既定的安全目标。

第四节 施工安全技术措施和事故预防措施

一、施工安全技术措施

安全技术措施,是指为防止工伤事故和职业病的危害,从技术上采取的措施。工程施工中,针对工程的特点、施工现场的环境、施工方法、劳动组织、作业方法、使用的机械、动力设备、变电设施架设工具以及各项安全防护设施等制定的确保安全施工的措施,被称为施工安全技术措施。施工安全技术措施是施工组织设计的重要组成部分。同时也可以作为管理方案的一部分内容。

(一) 对施工方案编制人员的要求

施工方案编制人员是施工过程的设计师,必须树立"安全第一"的思想,从会审图纸开始就必须识别和评价安全风险、健康风险,认真考虑施工安全问题,尽可能地不给施工和操作人员留下隐患。编制人员应当充分掌握工程概况、施工工期、场地环境条件,根据工程的结构特点,科学地选择施工方法、施工机械、变配电设施及临时用电线路架设,合理地布置施工平面。安全施工涉及施工的各个环节,因此,施工方案编制人员应当了解施工安全的基本规范、标准及施工现场的安全要求,如《建筑安装工程安全技术规程》、《建筑施工高处作业安全技术规范》、《施工现场临时用电安全技术规范》、《建筑施工安全检查评分标准》等。如果是采用滑模工艺或其他特殊工艺施工,还必须熟悉《液压滑动模板施工安全技术规程》和相应的专业技术知识以后,才能在编制施工方案时确立工程施工安全目标,使措施通过现场人员的认真贯彻达到目标要求。

施工方案编制人员,还必须了解施工工程内部及外部给施工带来的不利因素,通过综合分析后,制定具有针对性的安全施工措施,使之起到保证施工进度。确保工程质量和安全,科学、合理、有序地指导施工。

(二) 安全措施的主要内容

由于建筑工程的结构复杂多变,各施工工程所处地理位置、环境条件不尽相同,无统一的安全技术措施,所以编制时应结合本企业的经验教训,工程所处位置和结构特点,以及既定的安全目标。一般工程安全技术措施的编制主要考虑以下内容:

1. 从建筑或安装工程整体考虑。土建工程首先考虑施工期内对周围道路、行人及邻近居民、设施的影响,采取相应的防护措施(全封闭防护或部分封闭防护);平面布置应考虑施工区与生活区分隔,施工排水,安全通道,以及高处作业对下部和地面人员的影响;临时用电线路的整体布置、架设方法;安装工程中的设备、构配件吊运,起重设备的选择和确定,起重半径以外安全防护范围等。复杂的吊装工程还应考虑视角、信号、步骤等细节。

2. 对深基坑、基槽的土方开挖,首先应了解土壤种类,选择土方开挖方法,放坡坡度或固壁支撑的具体做法。总的要求是防坍塌。人工挖孔桩基础工程还须有测毒设备和防中毒措施。

3. 30m 以上脚手架或设置的挑架、大型混凝土模板工程,还应进行架体和模板承重强度、荷载计算,以保证施工过程中的安全。同时这也是确保施工质量的前提。

4. 安全平网、立网的架设要求,架设层次段落,如一般民用建筑工程的首层、固定层、随层(操作层)安全网的安装要求。事故的发生往往出在随层,所以做好严密的随层安全防护至关重要。

5. 龙门、井架等垂直运输设备的拉结、固定方法及防护措施,其安全与否,严重影响工期甚至造成群伤事故。

6. 施工过程中的"四口"防护措施,即楼梯口、电梯口、通道口、预留洞口应有防护措施。如:楼梯、通道口应设置 1.2m 高的防护栏杆并加装安全立网;预留孔洞应加盖;大面积孔洞,如吊装孔、设备安装孔、开井孔等应加周边栏杆并安装立网。

7. 交叉作业应采取隔离防护。如上部作业应满铺脚手板,外侧边沿应加挡板和网等防物体下落措施。

8. "临边"防护措施。施工中未安装栏杆的阳台(走台)周边,无外架防护的屋面(或平台)周边,框架工程楼层周边,跑道(斜道)两侧边,卸料平台外侧边等均属于临边危险地域,应采取防人员和物料下落的措施。

9. 施工过程中与外电线路发生人员触电事故屡见不鲜。当外电线路与在建工程(含脚手架具)的外侧边缘与外电架空线的边线之间达到最小安全操作距离时,必须采取屏障、保护网等措施。如果小于最小安全距离时,还应设置绝缘屏障,并悬挂醒目的警示标志。

根据施工总平面的布置和现场临时用电需要量,制定相应的安全用电技术措施和电气防火措施,如果临时用电设备在 5 台及 5 台以上或设备总容量在 50kW 及 50kW 以上者,应编制临时用电组织设计。

10．施工工程、暂设工程、井架门架等金属构筑物，凡高于周围原有避雷设备，均应有防雷设施，如井架、高塔的接地深度、电阻值必须符合要求等。

11．对有毒有害、易燃易爆作业可能给施工人员造成的危害，必须采取防止中毒和防火防爆措施。特别是有关职业健康方面的管理措施，包括混凝土搅拌、振捣、焊接、土方作业等方面的控制方式及控制方法均应按照可能造成的健康危害进行有针对性的策划。

12．季节性施工的安全措施。如：夏季防止中暑措施，包括降温，防热辐射，调整作息时间，疏导风源等措施；雨期施工要制定防雷防电，防坍塌措施；冬季防火，防大风等。

安全技术措施编制内容不拘一格，按其施工项目的复杂、难易程度、结构特点及施工环境条件，选择其安全防患重点，但施工方案的通篇必须贯彻"安全施工"的原则。

为了进一步明确编制施工安全技术措施的重点，根据多发性事故的类别，应抓住以下6种伤害的防患，制定相应的措施，内容要详实，有针对性：

（1）防高空坠落；

（2）防物体打击；

（3）防坍塌；

（4）防触电；

（5）防机械伤害；

（6）防中毒事故。

（三）认真做好安全交底和检查落实

工程开工前，工程项目负责人应向参加施工的各类人员认真进行安全（含健康）技术措施交底，使大家明白工程施工特点及各时期安全施工的要求，这是贯彻施工安全措施的关键。施工过程中，现场管理人员应按施工安全措施要求，对操作人员进行详细的工序、工种安全技术交底，使全体施工人员懂得各自岗位职责和安全操作方法，这是贯彻施工方案中安全措施的补充和完善过程。

工序、工种安全技术交底要结合《安全操作规程》及安全施工的规范标准进行,避免口号式,无针对性的交底。并认真履行交底签字手续,以提高接受交底人员的责任心。同时应由各责任人负责对施工过程和支持性过程进行检查,定期和不定期的对职业健康安全的运行活动实施监督,以保证施工安全技术措施的有效实施。

二、事故预防措施

从掌握和切实达到预防事故及减少事故损失的高度,施工企业应采取以下安全技术措施。

(一)提升和改进施工生产工艺

随着科学技术的发展,施工企业不断改进施工工艺,加快了实现机械化、自动化的过程,促进了生产的发展,提高了安全技术水平,大大减轻了工人的劳动强度,保证了职工的安全和健康。如采取机械化的喷涂抹灰,工效提高了 2~4 倍,不但保证了工程质量,还减轻了工人的劳动强度,保护了施工人员的安全。又如,构件厂制作圆孔板的拉丝机,采用了自动化设备,减少了工人操作时接触机械的机会,杜绝了夹手断指事故。因此,在施工组织设计时,应尽量优先考虑采用新工艺、机械化、自动化的生产手段,为安全生产、预防事故创造条件。

(二)合理设置安全装置

1. 防护装置的设置

防护装置就是用屏护方法与手段把人体与生产活动中出现的危险部位隔离开来的设施和设备。施工活动中的危险部位主要有"四口"、"五临边"、机具、车辆、暂设电器、高温、高压容器及原始环境中遗留下来的不安全因素等。

防护装置的种类繁多,按理讲企业购入的设备应该有严密的安全防护装置,但由于建筑业流动性大、人员繁杂及生产厂家的问题,均可能造成无防护或缺少、遗失的现象。因此,应随时检查增补,做到防护严密。在"四口"、"五临边"处理上要按行业标准设置水平及立体防护,使劳动者有安全感;在机械设备上做到轮有罩、轴有套,使其转动部分与人体绝对隔离开来;在施工用电中,要做到"四级"保险;遗留在施工现场的危险因素,要有隔离措施,如:高压线路的隔离防护设施等。项目经理和管理人员应经常检查并教育施工人员正确使用安全防护装置并严加保护,不得随意破坏,拆卸和废弃。

2．保险装置的设置

保险装置是指机械设备在非正常操作和运行中能够自动控制和消除危险的设施设备。也可以说它是保障设施设备和人身安全的装置。如锅炉、压力容器的安全阀,供电设施的触电保安器,各种提升设备的断绳保险器等。近年来北京地区建筑工人发明的提升架吊盘"门控杠式防坠落保险装置"、"桥架断绳保险器"等均属此类设置。

3．信号装置的设置

信号装置是利用人的视、听觉反应原理制造的装置。它是应用信号指示或警告工人该做什么、该躲避什么。信号装置的本身并无排除危险的功能。它仅是提示工人注意,遇到不安全状况立即采取有效措施脱离危险区或采取预防措施。因此,它的效果取决于工人的注意力和识别信号的能力。

信号装置可分为三种。即颜色信号:如指挥起重工的红、绿手旗,场内道路上的红、绿、黄灯;音响信号;如塔吊上的电铃,指挥吹的口哨等;指标仪表信号:如压力表、水位表、温度计等。

4．危险警示标志的设置

它是警示工人进入施工现场应注意或必须做到的统一措施。通常它以简短的文字或明确的图形符号予以显示。如:禁止烟火!危险! 有电! 等。各类图形通常配以红、蓝、黄、绿颜色。红色表示危险禁止;蓝色表示指令;黄色表示警告;绿色表示安全。国家发布的安全标志对保持安全生产起到了促进作用,必须按标准予以实施。

(三) 机械强度试验和电气绝缘检验

1．预防性的机械强度试验

施工现场的机械设备,特别是自行设计组装的临时设施和各种材料、构件、部件均应进行机械强度试验。必须在满足设计和使用功能时方可投入正常使用。有些还须定期或不定期地进行试验,如施工用的钢丝绳、钢材、钢筋、机件及自行设计的吊栏架、外挂架子等,在使用前必须做承载试验。这种试验,是确保施工安全的有效措施。

2. 电气绝缘检验

电气设备的绝缘是否可靠,不仅是电业人员的安全问题,也关系到整个施工现场财产、人员的安危。由于施工现场多工种联合作业,使用电器设备的工种不断增多,更应重视电气绝缘问题。因此,要保证良好的作业环境,使机电设施、设备正常运转,不断更新老化及被损坏的电气设备和线路是必须采取的预防措施。为及时发现隐患,消除危险源,则要求在施工前、施工中、施工后均应对电气绝缘进行检验。

(四) 机械设备的定期维修保养

目前各种先进的大、中、小型机械设备进入工地,但由于建筑施工要经常变化施工地点和条件,机械设备不得不经常拆卸、安装。就机械设备本身而言,各零部件也会产生自然和人为的磨损,如果不及时地发现和处理,就会导致事故发生,轻者影响生产,重者将会机毁人亡,给企业乃至社会造成无法弥补的损失。因此,要保持设备的良好状态,提高它的使用期限和效率,有效地预防事故就必须进行经常性的维修保养。

1. 维修和保养管理

各种机械设备是根据不同的使用功能设计生产出来的。除了一般的要求外,也具有特殊的要求。即要严格坚持机械设备的维护保养规则,要按照其操作过程进行保护,使用后需及时加油清洗。使其减少磨损,确保正常运转,尽量延长寿命,提高完好率和使用率。

2. 计划检修实施

为了确保机械设备正常运转,对每类机械设备均应建立档案

（租赁的设备由设备产权单位建档），以便及时地按每台机械设备的具体情况，进行定期的大中小修。在检修中应严格遵守规章制度，遵守安全技术规定，遵守先检查后使用的原则。绝不允许为了赶进度，违章指挥、违章作业，让机械设备"带病"工作。

（五）文明施工，认真落实安全操作规程

当前开展文明安全施工活动，已纳入各级政府及主管部门对企业考核的重要指标之一。一个工地是否科学组织生产，规范化、标准化管理现场，已成为评价一个企业综合管理素质的一个主要因素。随着国家法制建设的不断加强，建筑企业施工的法律、规程、标准已大量出台。只要认真地贯彻安全技术操作规程，并不断补充完善其实施细则，建筑业落实"安全第一，预防为主"的方针就会实现，大量的伤亡事故就会减少和杜绝。

实践证明，一个施工现场如果做到整体规划有序、平面布置合理、临时设施整洁划一，原材料、构配件堆码整齐，各种防护齐全有效，各种标志醒目、施工生产管理人员遵章守纪，认真落实安全操作规程，这个施工企业就一定获得较大的经济效益、社会效益和环境效益。反之，将会造成不良的影响。因此，认真落实安全操作规程，文明施工也是预防安全事故，提高企业素质的综合手段。

（六）合理使用劳动保护用品

施工企业的劳动保护用品主要有安全帽、安全带、安全网及其他用品。适时地供应劳动保护用品，是在施工生产过程中预防事故、保护工人安全和健康的一种辅助手段。它虽不是主要手段，但在一定的地点、时间条件下确能起到不可估量的作用。

不少企业和施工现场曾多次出现有惊无险的事例，也出现了不少不适时发放，不正确使用劳保用品而丧生的例子。因此统一采购（定点），妥善保管，正确使用防护用品也是预防事故，减轻伤害程度的不可缺少的措施之一。

（七）强化民主管理，普及安全技术知识教育

目前大量农村富余劳动力，以各种形式进入了施工现场，从事他们不熟悉的工作，他们十分缺乏建筑施工安全知识，因此，绝大

多数事故发生在他们身上。据有关部门统计，一般因工伤亡事故的农民工占80%以上，有的企业100%出现在他们身上。如果能从招工审查、技术培训、施工管理、行政生活上严格加强民主管理，将事故减少50%以上，则许多生命将被挽救。因此这是当前以及将来预防事故的一个重要方面。

  以上所述是预防安全事故最常见的措施，每个施工项目还应根据工程的特点，拟定切合实际的预防安全事故的具体措施。总的目标是：综合推进从减少"四大伤害"和土方坍塌伤亡事故入手，从"经验管理型"的模式解决出来，逐步走上"预测控制型"的管理方式，最后达到减少和杜绝一切因工伤亡事故的目的。

第四章 职业健康安全管理体系规范的基础要求

第一节 GB/T 28001 标准的特点

以 PDCA 为特征的戴明模型构成一个动态循环、不断上升的螺旋。PDCA 循环圈是职业健康安全管理体系的运行基础,同时也是 ISO 14000、ISO 9000 管理体系的运行基础,实际上 PDCA 循环圈是所有现代管理体制的根本运行方式。

以上述运行模式可以概括出 GB/T 28001—2001 标准的特点是:

1. 系统性的科学模式是 GB/T 28001 标准的基准

用科学化、系统化的方式方法,全面规范和改进企业职业健康安全管理现状,上层次,上水准,以切实保障企业员工职业健康安全权利的有效实现,减少企业领导人、决策层的困惑和压力,从而进一步保障企业员工、财产的安全,保证企业综合经济效益的实现。GB/T 28001 体系运作的目的和着眼点,是企业员工的健康和安全,企业财产的安全。现在很多企业都有自己传统的安全管理体制和规则,也在起着不可缺少的作用。但由于传统的模式有其一定的缺陷,尤其在整个管理体系中各相关职能的交流制约作用、员工的意识、资源的配置等多个方面,常常发生脱节或得不到落实,那么如果有一个崭新的方式将它们组织起来,会使企业获益非浅。

2. 可操作性的运作内容是 GB/T 28001 标准的生命力

GB/T 28001 体系标准内容充实,可操作性强,对企业职业健康安全管理有较强的推动和促进作用。在总结质量、环境体系的基础上推出的 GB/T 28001 标准,无论从体系的设计,体系各要素之间衔接和贯通,都更加科学合理,尤其是已经取得 ISO 9000 或 ISO 14000 认证的企业,在进行建立 GB/T 28001 体系中,就会更加得心应手。

3．以人为本是 GB/T 28001 标准的思想

它可以全面有效推动企业管理工作向科学化、系统化发展,这个优势是必然的。通过对企业生产过程中危害因素的解识,对企业面临的职业健康安全风险的评价以及风险控制措施制定实施,按照 PDCA 的循环运作,逐渐消除或降低企业生产过程的风险,使员工的健康、安全和企业财产的安全有了体系上的保障。

4．遵守法规是 GB/T 28001 标准的基础要求

体系的运作,实际是对法律法规遵守提供保障,我们要掌握国际条约、国内职业健康安全法律法规对企业的规范要求,使企业行为符合法律法规,这样,会从根本上改善企业同员工、员工家属、社区、政府的关系,提高企业声誉。

5．社会责任是 GB/T 28001 标准的核心主线

职业健康安全管理体系还体现了系统化、程序化和文件化,更有利于理解和贯彻。由于全过程的控制,体现了企业决策层、最高管理者的重视程度和全员的共同参与。由于体系还强调了相关方(供应商、承包商)及协商的概念,使 GB/T 28001 体系成为一个开放型的有机的体系。

第二节 术语及定义

一、事故(accident);事件(incident)

造成死亡、疾病、伤害、损坏或其他损失的意外情况。导致或可能导致事故的情况。

注:其结果未产生疾病、伤害、损坏或其他损失的事件在英文中还可称为"near miss",英文中术语"事件"包含"near miss"。

事故和事件包含着下列一些含义:

1. 事故是意外情况,它是人们不希望看到的事情。

2. 事件是引发事故,或可能引发事故的情况,主要是指活动、过程本身的情况,其结果尚不确定。如果造成不良结果则形成事故,如果侥幸未造成事故也应引起关注。

3. 事故涵盖着下列范围:
(1) 死亡、疾病、工伤事故;
(2) 设施、设备破坏事故;
(3) 环境污染或生态破坏事故。
包含上述二或三方面的事故。

工程建设企业可能会有许多安全"隐患";但这些隐患的概念与事故、事件是有区别的,往往是还未发生的事故、事件。

二、审核(audit)

"为获得审核证据并对其进行客观的评价,以确定满足审核准则的程度所进行的系统的、独立的并形成文件的过程

注:内部审核,有时称第一方审核,用于内部目的,由组织自己或以组织的名义进行,可作为组织自我合格声明的基础。外部审核包括通常所说的"第二方审核"和"第三方审核"。第二方审核由组织的相关方(如顾客)或由其他人员以相关方的名义进行。第三方审核由外部独立的组织进行。这类组织提供符合要求(如:GB/T 19001 和 GB/T 24001)的认证或注册。

职业健康安全管理体系审核的准则应是建立体系依据的职业健康安全管理体系标准,以及实施标准所展开的计划安排。职业健康安全管理体系审核要满足三个层次内容的要求:

一是,要判定职业健康安全管理体系的运行活动和结果是否符合审核准则;

二是,要判定依据职业健康安全管理体系标准所建立的职业健康安全管理体系是否得到有效实施和保持;

三是,要判定职业健康安全管理体系是否有效地满足组织的方针和目标。

审核同时还是一个系统化、独立、形成文件的过程,需采用一

定的方法和程序,要有有能力和有独立性的人员完成,形成文件的审核过程和结果,使得体系有效性的判断和改进更具依据。

三、持续改进(continual improvement)

为改进职业健康安全总体绩效,根据职业健康安全方针,组织强化职业健康安全管理体系的过程。

注:该过程不必同时发生在活动的所有领域。

(1) 持续改进是职业健康安全管理体系运行的基本要求和基本特点之一。对于已成功建立起职业健康安全管理体系的组织而言,仅仅维护和保持现状还不能满足职业健康安全管理体系标准的要求,还必须不断进行改进和完善。

(2) 持续改进强调通过对体系的改进、完善,实现组织的职业健康安全绩效的不断改进。

(3) 持续改进不必同时发生在企业活动的所有方面。

四、危险源(hazard)

可能导致伤害或疾病、财产损失、工作环境破坏或这些情况组合的根源或状态。

危险源术语定义中,"可能"意味着"潜在",是指危险源是一种客观存在,它具有导致伤害或疾病等的潜在能力;"根源或状态"意味着危险源的存在形式或者是可能导致伤害或疾病等的主体对象,或者是可能诱发主体对象导致伤害或疾病等的状态。例如高空坠落是可能导致高处作业事故的根源,而安全带破裂是可能导致高处作业事故的状态。

根源性危险源又称为第一类危险源,状态性危险源又称为第二类危险源。第一类危险源是可能发生意外释放的能量(能源或能量载体)或危险物质(如锅炉、危险化学品等);第二类危险源是导致能量或危险物质约束或限制措施破坏或失效的各种因素(如保险带断裂等)。

五、危险源辨识（hazard identification）

识别危险源的存在并确定其特性的过程。

危险源的存在普遍且形式多样，很多危险源不是很容易就被人们发现，需要采用一些特定的方法对其进行识别，并判定其可能如何导致事故和导致事故的种类。

危险源辨识是控制事故发生的第一步，只有识别出危险源的存在，找出导致事故的根源，才能有效地控制事故的发生。

六、相关方（interested parties）

与组织的职业健康安全绩效有关的或受其职业健康安全绩效影响的个人或团体。

组织的职业健康安全绩效受到多方面因素的影响和制约，同时也对许多相关的个人或团体产生影响。这些主动或被动地与施工企业的职业健康安全绩效发生关系的个人和团体就是企业的职业健康安全方面的相关方。其中个人可以包括：组织的员工、员工亲属、股东、顾客等；团体主要包括：供方、银行、合同方、政府主管部门等。

从广义上说，整个社会都会从不同的渠道或多或少地与企业的职业健康安全绩效产生关联。但在实施职业健康安全管理体系过程中，特别是进行体系的认证过程中，相关方概念的应用涉及到企业的义务，应注意限定范围，不能无限地扩大。

七、不符合（non-conformance）

任何与工作标准、惯例、程序、规章、管理体系绩效等的偏离，其结果能够直接或间接导致伤害或疾病、财产损失、工作环境破坏或这些情况的组合。

企业依据职业健康安全管理体系标准建立管理体系，其作业标准、惯例、程序、规章、管理体系绩效等构成了职业健康安全管理体系的基本内容。在职业健康安全管理体系的运行过程中，可能会出现与上述内容的偏差,由此可能会直接或者间接地导致事故,从而这种偏差构成了与职业健康安全管理体系标准的不一致,即不符合。如:施工现场架子工在脚手架搭设过程中,不戴安全带、安全帽,就是一种不符合。

八、目标(objectives)

组织在职业健康安全绩效方面所要达到的目的。

任何一个企业所要取得的职业健康安全绩效,可通过目标的实现来获得。职业健康安全目标应具有以下几个特点:

(1) 作为企业所要实现的职业健康安全目的,目标在内容上是可分解的,这样会使得组织的职业健康安全目标更加明确。

(2) 组织的职业健康安全目标在组织内部是可分解的,这样会使得组织内部各个部门的职责更加明确。

(3) 职业健康安全目标应尽可能地量化,以便于检查和评价其完成情况。

九、职业健康安全(occupational health and safety)

影响工作场所内员工、临时工作人员、合同方人员、访问者和其他人员健康和安全的条件和因素。

职业健康安全是指防止劳动者在工作岗位上发生职业性伤害和健康危害,保护劳动者在工作过程中的安全与健康。职业安全包括工作过程中防止机械外伤、触电、中毒、车祸、坠落、塌陷、爆炸、火灾等危及人身安全的事故发生。职业健康则是对工作过程中对人身体健康造成危害或引起疾病发生的有毒有害物质的防范。

十、职业健康安全管理体系(occupational health and safety management system)

总的管理体系的一个部分,便于组织对与其业务相关的职业健康安全风险的管理。它包括为制定、实施、实现、评审和保持职业健康安全方针所需的组织结构、策划活动、职责、惯例、程序、过程和资源。

管理体系是建立方针和目标并实现这些目标的相互关联或相互作用的一组要素。一个组织的管理体系可包括若干个不同的管理体系,如职业健康安全管理体系、质量管理体系、环境管理体系等。

职业健康安全管理体系是组织总的管理体系的一部分,或理解为组织若干管理体系的一个,便于组织对职业健康安全风险的管理。

十一、组织(organization)

职责、权限和相互关系得到安排的一组人员和设施。

示例:公司、集团、商行、企事业单位、研究机构、慈善机构、代理商、社团或上述组织的部分或组合。

注:1. 安排通常是有序的;
  2. 组织可以是公有的或私有的。

职业健康安全管理体系所涉及的组织概念,包含的范围十分广泛,可以是企事业单位或社团,如:建筑施工企业、企业安全部、项目经理部或分公司等。组织不一定是法人单位。对于拥有一个以上运行单位的组织,可以把每一个单独的运行单位视为一个组织。

十二、绩效(performance)

基于职业健康安全方针和目标,与组织的职业健康安全风险控制有关的,职业健康安全管理体系的可测量结果。

注:1. 绩效测量包括职业健康安全管理活动和结果的测量;
  2. "绩效"也可称为"业绩"。

职业健康安全绩效是职业健康安全管理体系运行的结果,是企业通过建立和实施一个职业健康安全管理体系,按照方针的要求和目标的实现,控制自身的职业健康安全风险所取得的实际成效。

职业健康安全绩效是可以测量和评价的。绩效测量包括职业健康安全管理活动和结果的测量。比如工程建设企业的年度死亡率、重伤率及轻伤率、职业病发生率等均为绩效的一种方式。

十三、风险(risk)

某一特定危险情况发生的可能性和后果的组合。

施工企业的风险是对某种可预见的危险情况发生的概率及后果严重程度这两项指标的综合描述。危险情况可能导致人员伤害和疾病、财产损失、环境破坏等。对危险情况的描述和控制主要通过其两个主要特性,即可能性和严重性。可能性是指危险情况发生的难易程度。严重性是指危险情况一旦发生后,将造成的人员伤害和经济损失的大小和程度。上述两方面的单独某一方面都不能确定特定危险源给企业带来的风险。是否存在风险需通过风险调查及评价来确定。

十四、风险评价(risk assessment)

评估风险大小以及确定风险是否可容许的全过程。

风险评价主要包含两个阶段:一是对风险进行分析评估,确定其大小等级;二是将风险与可容许风险标准要求进行比较,判定其是否可容许。风险分析评估主要针对危险情况的可能性和严重性进行。可容许风险标准的界定,是根据法规要求或组织的方针要求而界定的,这个标准或界限值不是一成不变的。

十五、安全(safety)

免除了不可接受的损害风险的状态。

安全是一个相对的概念。安全不是零风险。对于一个组织,经过风险评价,确定了不可接受的风险,那么它就要采取措施将不可接受风险降低至可容许的程度,使得人们避免遭受到不可接受风险的伤害。随着企业可容许风险标准的提高,安全的相对程度也在提高。

十六、可容许风险(tolerable risk)

根据组织的法律义务和自身的职业健康安全方针,已降至组织可接受程度的风险。

企业可容许风险的界定标准是法规要求或职业健康安全方针的要求。企业的职业健康安全方针中要阐明遵守法规的承诺,在方针中企业可提出超出法规的要求。企业的职业健康安全风险中,低于法规或方针要求的,都属可容许(可接受)风险。因此同一行业中的工程建设企业其可容许风险的标准可能是不一样的。

第三节 施工企业实施 GB/T 28001 标准的理解要点

4.1 总要求

组织应建立并保持职业健康安全管理体系。第4章描述了对职业健康安全管理体系的要求。

□ 标准条文理解要点

1. 本标准对于工程建设企业提出了建立并保持职业健康安全管理体系的要求,重点科学建立和持续保持。

2. 本标准是与其他管理体系相兼容的,即与质量管理体系和环境管理体系相兼容,可以有机地整合成为一个一体化的管理体系。

3. 建筑企业职业健康安全管理体系应充分体现本标准的17个核心要素的要求。

4.2 职业健康安全方针

职业健康安全方针如图4.3-1所示。

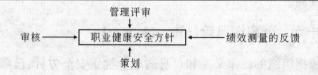

图 4.3-1 职业健康安全方针

组织应有一个经最高管理者批准的职业健康安全方针,该方针应清楚阐明职业健康安全总目标和改进职业健康安全绩效的承诺。

职业健康安全方针应:

　　a. 适合组织的职业健康安全风险的性质和规模;
　　b. 包括持续改进的承诺;
　　c. 包括组织至少遵守现行职业健康安全法规和组织接受的其他要求的承诺;
　　d. 形成文件,实施并保持;
　　e. 传达到全体员工,使其认识各自的职业健康安全义务;
　　f. 可为相关方所获取;
　　g. 定期评审,以确保其与组织保持相关的适宜。

□ 标准条文理解要点

1. 工程建设活动是一个安全的高风险领域。为了适合企业的职业健康安全风险的性质和规模,组织应根据所面临的职业健康风险的特点制定出自己的职业健康方针,并在方针中体现这些特点。包括既不夸大也不缩小企业所面临的职业健康安全风险。同时也应考虑未来建筑企业发展的要求,从而使职业健康安全方针具有可操作性和前瞻性。

2. 企业职业健康安全方针中的持续改进承诺应既体现组织实现良好的职业健康安全管理绩效的愿望,又为企业树立了对员工的职业健康安全关心负责的社会形象。

3. 职业健康安全方针仅适用于对企业职业健康安全总体绩

效提出改进要求,而无需陈述已策划的具体绩效改进要求。后者可在职业健康安全目标中阐述。

4. 应针对工程建设领域的风险性,在职业健康安全方针中承诺遵守职业健康安全法规和其他要求,以表明组织以法规和其他要求为最低要求而实行良好职业健康安全管理的郑重态度。

5. 职业健康安全方针应经过认真的研究和分析、策划,企业应将职业健康安全方针形成书面文件。

企业应把职业健康安全方针传达到全体员工,包括分包方的民工,使员工们理解其要求并自觉按照其要求去工作。

6. 企业应把职业健康安全方针传递给相关方,以达到沟通的目的。

职业健康安全方针应随着企业业务外部环境形势和法规的不断发展变化,以及社会对企业的职业健康安全绩效的期望值的不断增加,由企业对其进行定期评审,评审的目的是使其持续适宜性和有效性。

GB/T 28001—2001 职业健康安全管理体系 规范

4.3.1 对危险源辨识、风险评价和风险控制的策划

组织应建立并保持程序,以持续进行危险源辨识、风险评价和实施必要的控制措施。这些程序应包括:

a. 常规和非常规活动;

b. 所有进入工作场所的人员(包括合同方人员和访问者)的活动;

c. 工作场所的设施(无论由本组织还是由外界所提供)。

组织应确保在建立职业健康安全目标时,考虑这些风险评价的结果和控制的效果,将此信息形成文件并及时更新。

组织的危险源辨识和风险评价的方法应:

a. 依据风险的范围、性质和时限性进行确定,以确保该方法是主动性的而不是被动性的;

> b. 规定风险分级,识别可通过4.3.3和4.3.4中所规定的措施来消除或控制的风险;
> 　　c. 与运行经验和所采取的风险控制措施的能力相适应;
> 　　d. 为确定设施要求、识别培训需求和(或)开展运行控制提供输入信息;
> 　　e. 规定对所要求的活动进行监视,以确保其及时有效的实施。

□ 标准条文理解要点

1. 施工企业危险源辨识的重点是根源性危险源辨识,即第一类危险源辨识。第二类危险源(状态性危险源)也应及时进行辨识。识别的对象包括:

(1) 常规和非常规活动,如按计划进行的维修和突发的设备抢修;以及这些活动所受的外部影响,如居民的活动对施工场所的安全影响。

(2) 所有进入办公、施工及管理场所的所有内、外部人员的活动。

(3) 工作场所的所有设施。如机械、办公用品、应急设施等。

2. 施工企业的危险源辨识和风险评价的方法:

(1) 依据风险的范围、性质和时限性进行确定,以确保该方法是主动性的而不是被动性的,其核心是方法应具有预防性。

(2) 规定风险分级,识别可通过目标及安全管理方案中所规定的措施来消除或控制的风险。重在确保利用有效的资源最大限度地降低风险。

(3) 与施工安全的运行经验和采取的风险控制措施的能力相适应,重在方法是否适合企业的运作需求。

(4) 为确定设施要求、识别培训需求和(或)开展运行控制提供输入信息,重在能够识别出资源需求。

(5) 规定对所要求的活动进行监视,以确保其及时有效的实施,重在能够确定风险的动态趋势。

3. 对危险源辨识、风险评价和风险控制的策划,是建筑企业职业健康安全管理体系的核心内容,是主动性的职业健康安全管理的重要基础,它为危险源辨识,风险评价和风险控制与其他职业健康安全体系要素之间适应了明确而协调的关系。

4. 对危险源辨识、风险评价和风险控制的策划包括以下三个过程:

(1) 危险源辨识。建筑企业在识别危险源时,除考虑企业自身员工的活动带来的危险源和风险外,还需要考虑合同方人员和访问者的活动,使用外部提供的产品或服务所带来的危险源和风险。包括建筑企业施工的正常活动,临时的管道抢修,所有现场的施工人员、施工现场的设备、材料、临时设施等。

施工企业应确定危险源的特性,即危险源属于哪类危险源,有何特性,带来何种职业健康风险等。特别是第一类危险源及其对施工诸过程的影响,应从风险评估入手合理地解决风险控制的问题。即透过对第一类危险源诸特征的分析,结合第二类危险源(即状态性危险源)的辨识来研究风险控制问题。一起施工伤亡事故的发生,往往是两类危险源共同作用的结果。第一类危险源是伤亡事故发生的能量主体,决定事故后果的严重程度;第二类危险源是第一类危险源造成事故的必要条件,决定事故发生的可能性。

(2) 施工安全风险评价。建筑企业的风险是比较多的,而且危害也较大。常见的评价方法有头脑打分法等。不管采用哪种风险评价方法,都需确保风险评价的结果符合企业的具体情况,并能对识别的风险进行分级(如大、中、小),确定哪些风险可容许和哪些风险不可容许,应从危险发生的可能性和危害程度两大方面进行评价,而且还需识别出哪些风险可通过职业安全目标和管理方案来消除或控制。

(3) 施工安全风险控制。建筑企业在确定风险控制方案时,企业需考虑以下几个方面:

一是对于不可容许风险(此类风险产生于重大危险源),需采取相应的风险控制措施以降低风险,使其达到可容许程度。如对高层坠落应采取戴安全带、安全网等措施予以降低风险。

二是对于可容许风险,需保持相应的风险控制措施,并不断监视,以防其风险变大以至超出可容许的范围。如:施工现场的交通事故就属于这一类。

三是对于已识别出的需通过职业健康安全目标和管理方案为消除或控制的不可容许风险,企业应将其作为职业健康安全目标和管理方案的重要输入信息;风险控制措施应与施工安全企业的运行经验和能力相适应;风险控制的结果应为风险预控按优先顺序排列提供依据。比如,重大危险源清单就属于这一类。

5. 对危险源辨识、风险评价和风险控制的策划的基本要求:

企业在对危险源辨识、风险评价和风险控制策划时,首先考虑消除危险源(如果可行的话),然后再考虑降低风险(降低伤害或损坏发生的概率或潜在的严重程度),最后考虑采用个体防护设备。

6. 施工企业需考虑尽可能对全部危险源进行综合评价,而不是对健康危害、材料搬运和机械危害等进行单个评价。如果使用不同方法进行单个的评价,那么,对风险控制的优先顺序进行排列将更加困难,而且单个的评价还可能造成不必要的重复。重点应考虑危险源的发生概率及伤害程度。

7. 对于不可容许的风险,需采取相应的风险控制措施以消除或降低风险,使其达到可容许的程度。该措施一般要对不可承受风险确定优先级别,并规定出主控部门。包括可采取职业安全健康目标和管理方案对该风险进行消除或控制。对于可承受的风险,需维持相应的管理,并不断监视,以防止其风险变大超出可承受的范围。

8. GB/T 28001 标准要求风险控制措施应有助于保护员工的职业健康安全,也就是说保护员工的职业健康安全应是风险控制计划优先级别确定的首要条件,而不能将风险控制措施的重点放在保护财产的角度

9. 危险源是动态存在的,其严重程度也可能会发生变化,因此,对危害辨识、风险评价和控制措施信息应定期(或及时)评审与

更新,使用人单位活动所涉及的所有危害因素始终处在受控制的状态下。

10. 发生以下客观变化时应及时评审:

(1) 新用工制度、引入新工艺、新操作程序、新组织机构与新采购合同等用人单位内部发生的变化。

(2) 国家法律、法规的修订,机构兼并和重组、职责的调整,职业安全健康知识和技术的新发展等外部因素引起的用人单位的变化。

11. 危险源辨识、风险评价、控制措施策划的自身风险

(1) 危害辨识易遗漏的几个方面:

1) 与相关方有关的风险因素;

2) 异常和紧急情况的风险因素;

3) 危害辨识的更新情况。尤其是获得 OSHMS 认证的用人单位,往往对危害辨识的更新不及时。

(2) 对危害辨识应具有主动性、前瞻性,而不应等到出现了事件或事故再确定危害因素。另外,也不能依靠外部审核来补充危害因素识别的不全面,更不能将外审时发现的辨识不全的部分照抄照搬。

(3) 风险评价的准则和方法的选择不合理。风险评价具有鲜明的行业特点,不同行业各不相同,有的行业可能只需简单的定量评价就可以了,而有的行业可能需要包含大量文件的复杂定量分析。用人单位应根据其需要和工作场所的具体状况选择合理的风险评价方法。

(4) 在机构的调整、新项目、新产品的开发中,应注重危险源辨识及评价程序的及时运行。

12. 危险源辨识案例(表 4.3-1)

某公司焊接作业活动的危险源辨识表　　表 4.3-1

序号	作业活动	潜在的危害因素	可能出现的事故
1	焊接作业	a. 施工设备的缺陷	触电
2		b. 作业点 10m 内有易燃易爆物质	燃烧、爆炸

续表

序号	作业活动	潜在的危害因素	可能出现的事故
3	焊接作业	c. 施工现场通风不良、有大量焊接烟尘	中毒、职业病
4		d. 电弧光的强刺激	职业病
5		e. 焊渣飞溅	灼伤、燃烧
6		f. 氧气瓶、乙炔瓶漏气或距离过近	爆炸
7		g. 工件倒翻	物体打击
8		h. 相关操作工的违章作业	燃料、爆炸、触电、中毒等

4.3.2 法规和其他要求

组织应建立并保持程序,以识别和获得适用法规和其他职业健康安全要求。

组织应及时更新有关法规和其他要求的信息,并将这些信息传达给员工和其他有关的相关方。

□ 标准条文理解要点

1. 不同的施工企业所适用的法规各不同。即使是同一建筑企业,由于各个部门、施工现场的具体情况不同,如工程特点,环境要求,不同的工艺、设备、原材料等,所适用的法规也不完全一样。施工企业需根据自身的具体情况和需要进行相关法规和其他要求的识别。包括:

(1) 需遵守的法规和其他要求(如建设部发布的《建筑安装工人安全技术规程》等);

(2) 在何处采用这些法规和其他要求;

(3) 企业内部谁需要获取哪些法规和其他要求信息;

(4) 如何最适宜地获取所需要的法规和其他要求信息,包括提供此类信息的媒介(如:纸件、CD、磁盘和国际互联网等)。

2. 企业需密切关注法规和其他要求的发展情况,确保企业满足最新的法规和其他要求。与此同时,企业还需建立一定的渠道,不断获取和更新有关这些法规和其他要求的信息。但需注意的是,本要素并不要求企业建立一个庞大的资料库,以包罗很多涉及和使用的法规和其他要求,而只需容纳其有关的法规和其他要求就可以了。

3. 企业需建立识别和获取法规和其他要求信息的程序,以及随着新法规颁布而采取控制措施的监视程序。施工企业在识别法规和其他要求时,综合考虑下列信息:

(1) 工程项目和服务实现过程的详细资料;
(2) 危险源辨识、风险评价和风险控制的结果;
(3) 施工和管理的实践经验(如:规范、管理规定);
(4) 建筑工程的法规要求;
(5) 总体资源清单;
(6) 国家标准、行业标准、地方标准、国际标准;
(7) 企业内部要求(如:企业标准);
(8) 相关方要求。

并针对上述信息,进行法规适宜性的评审,明确实施相关条款的途径。

施工企业应及时更新这些信息,并应将有关信息传达给相关人员和其他相关方。应建立并维持,用以鉴别和取得适用于企业的法律和其他职业健康安全要求的事项的程序。

企业应保持信息的更新,应将与法律及其他事项要求的相关信息提供给员工和其他有关的利害相关者。

4.3.3 目标

组织应针对其内部各有关职能和层次,建立并保持形成文件的职业健康安全目标。如可行,目标宜予以量化。

组织在建立和评审职业健康安全目标时,应考虑:

a. 法规和其他要求;
b. 职业健康安全危险源和风险;
c. 可选择的技术方案;

> d. 财务、运行和经营要求；
> e. 相关方的意见。
> 目标应符合职业健康安全方针,包括对持续改进的承诺。

□ 标准条文理解要点

1. 施工企业建立职业健康安全目标,是与企业的职业健康安全有关的职能和层次应建立目标。如何确定哪些职能和层次与企业的职业健康安全有关,可以从以下两方面考虑:

(1) 职业健康安全方针(包括持续改进的承诺)中所述的内容,如果涉及到哪个职能和层次,则应为该职能和层次建立具体的目标,以落实职业健康安全方针的要求;

(2) 从施工特点讲,凡列入不可接受风险的危险源(如重大危险源),均应制订控制目标,这样才能体现企业职业健康安全管理的目的。

(3) 以施工现场为主线的危险源辨识、风险评价和风险控制的结果。施工企业通过风险评价所识别出来的、需要通过建立目标予以消除和控制的职业健康安全风险,如果涉及到哪个职能和层次,则应为该职能和层次建立目标(即目标应进行分解)。

2. 为确保目标有效并得到企业内全体员工的理解,建筑企业需将所建立的目标形成文件,并传达到(如:通过培训或小组简短会议)有关的员工。对于某些企业来说,可能还需将建立目标的过程形成文件。

3. 企业所建立的目标,应针对具体的问题,并体现在各项指标上。为了确保企业可以评价和监视目标的实施和完成情况,所确定的有关各项指标必需可以测量,例如:

(1) 消除或降低特殊意外事件的频次;

(2) 物体打击降低到多少数量;

(3) 高空坠落控制在多少损失以内。

4. 施工企业建立目标时,既要针对企业内各项目部等广泛共同的职业健康安全问题,又要针对个别职能和层次特定的职业健康安全问题,只有这样,才能使目标更切实际,并具有更强的可操作性。为确保目标合理并符合企业的实际需要,在制定目标的过程中,企业适当的管理层需定期(如:至少每年一次)举行有关建立和确定目标的会议,在充分考虑以下信息的基础上建立目标,并将目标按优先顺序予以排列。

5. 施工企业应为实现每个目标确定合理的和可实现的时间表。特别是企业可根据其规模、目标的复杂性、目标时间表的安排,将目标分解为各单独的子目标,并为各个不同层次的子目标和目标之间建立明确的联系。

企业应针对其内部相关职能和层次,建立并保持文件化的职业健康安全目标。目标在可实行的同时应尽可能量化。

企业在建立和评审职业健康安全目标时,应考虑法律、法规及其他要求,自身的职业健康安全风险,可选技术方案,财务、运行和经营要求,以及相关方的观点。目标应符合职业健康安全方针,并体现对持续改进的承诺。

目标的重点应放在持续改进员工的职业健康安全防护措施上,以达到最佳的职业健康安全绩效。

4.3.4 职业健康安全管理方案

组织应制定并保持职业健康安全管理方案,以实现其目标。方案应包含形成文件的:

a. 为实现目标所赋予组织有关职能和层次的职责和权限;

b. 实现目标的方法和时间表。

应定期并且在计划的时间间隔内对职业健康安全管理方案进行评审,必要时应针对组织的活动、产品、服务或运行条件的变化对职业健康安全管理方案进行修订。

□ 标准条文理解要点

1. 为了实现每项目标,可以通过管理方案进行控制。施工企业的现有安全施工方案实际上应属于职业健康安全管理方案,但应进行完善。企业的职业健康安全管理方案需确定：

(1) 各有关层次负责下达目标的人员；

(2) 实施各项目标的各个不同的具体工作任务；

(3) 为完成每项具体工作任务,各有关职能和层次相应和职责的权限,以及适当的资源配置(如:财力、人力、设备、后勤)；

(4) 为满足有关目标总进度的要求,完成每项工作任务的进度规定。

2. 为确保职业健康安全管理方案有效实施,并为企业内部的相关人员所理解,企业应将职业健康安全管理方案形成文件,予以传达。

3. 制定职业健康安全管理方案时,企业可以综合考虑以下信息：

(1) 职业健康安全方针和目标；

(2) 法规和其他要求的评审；

(3) 危险源辨识、风险评价和风险控制的结果；

(4) 企业产品和服务实现过程的详情；

(5) 员工对施工场所的职业健康安全协商、评审和改进活动的信息；

(6) 从新的或不同的可选技术方案中可得到改进机会的评审；

(7) 持续改进活动；

(8) 实现企业的职业健康安全目标所需资源的提供。

目前施工用的临时用电安全方案、脚手架安全方案、塔吊搭设及运行方案、外用电梯安全方案等均为一种很贴近的管理方案,但应进行改进。

4. 如果职业健康安全管理方案与特定的培训方案有关,则企业可在培训方案中确定更进一步的要求和相关信息。

5. 如果预期对施工工作惯例、过程、设备或原材料实施重大变更或修改,企业需针对这些变更或修改在职业健康安全管理方案中规定新的危险源辨识和风险评价训练,同时规定与有关员工就预期改变进行协商。

6. 企业需根据实现目标的进展情况,确保职业健康安全管理方案的适宜性,及时更新或修改职业健康安全管理方案,企业还需定期评审职业健康安全管理方案,根据自身的活动、产品、服务或运行条件的变化,及时对职业健康安全管理方案作必要的修改和调整。

4.4 实施和运行

实施和运行如图 4.3-2 所示。

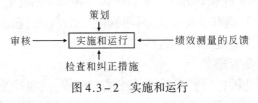

图 4.3-2 实施和运行

4.4.1 结构和职责

对组织的活动、设施和过程的职业健康安全风险有影响的从事管理、执行和验证工作的人员,应确定其作用、职责和权限,形成文件,并予以沟通,以便于职业健康安全管理。

职业健康安全的最终责任由最高管理者承担。组织应在最高管理者中指定一名成员(如:某大组织内的董事会或执委会成员)作为管理者代表承担特定职责,以确保职业健康安全管理体系正确实施,并在组织内所有岗位和运行范围执行各项要求。

管理者应为实施、控制和改进职业健康安全管理体系提供必要的资源。

注:资源包括人力资源,专项技能、技术和财力资源。

组织的管理者代表应有明确的作用、职责和权限,以便:

a. 确保按本标准建立、实施和保持职业健康安全管理体系要求;

b. 确保向最高管理者提交职业健康安全管理体系绩效报告,以供评审,并为改进职业健康安全管理体系提供依据。

> 所有承担管理职责的人员,都应表明其对职业健康安全绩效持续改进的承诺。

□ 标准条文理解要点

1. 在建立职业健康安全管理体系时,施工企业必需向全体员工传达和宣传全员参与的理念,包括企业的职业健康安全是组织每个人的共同责任的思想,鼓励全员化的安全管理活动。

2. 对于实施职业健康安全管理体系各部分职责的人员,企业需明确确定其职责和权限,包括明确规定处于不同职能之间接口的人员的职责。这些人员包括:

(1) 最高管理者;

(2) 企业的各层管理者(包括各部门负责人、项目经理等);

(3) 过程运行人员和相关人员(如工长、安全员、项目经理及操作工人);

(4) 对合同方的职业健康安全进行管理的人员;

(5) 负责职业健康安全培训的人员;

(6) 职业健康安全关键设备的负责人员;

(7) 企业内具有职业健康安全资格的员工或其他职业健康安全专家;

(8) 参加协商讨论会的员工职业健康安全代表。

3. 最高管理者和管理者代表的职责

最高管理者的主要职责是:

(1) 确定企业的职业健康安全方针;

(2) 确保职业健康安全管理体系的实施。

管理者代表由企业的最高管理者指定,对职业健康安全管理体系的实施负有明确的职责和权限,大型或较复杂的企业内,最高管理者还可以指定一名以上的管理者代表。

管理者代表可以在企业的职业健康安全职能部门的支持下开展工作。为履行管理者代表的职责、管理者代表需:

(1) 定期了解企业的职业健康安全管理体系绩效状况;

(2) 积级参与职业健康安全管理体系定期评审活动；

(3) 积极参与职业健康安全目标的制定。

值得注意的是，为了使管理者代表能够更好地履行其职责，企业需确保分派给管理者代表的权力、其他职责和职能不应与其履行职业健康安全职责相冲突。

4. 各层次的管理者职责

对于各层次的管理者特别是项目经理来说，其职责是管理各自运行范围内的职业健康安全。由于各层次的管理者既负责生产经营管理，又负责其运行范围内的职业健康安全事务管理，因此企业有必要协调各层次管理者与企业的职业健康安全专业人员及其他管理的工作关系，明确他们各自的职业健康安全职责。

5. 企业员工的职责

企业在确定员工的职业健康安全职责和权限时，需以适宜的形式形成文件，并与员工进行沟通。文件可采用以下一种或几种形式，或其他替代形式：

(1) 职业健康安全管理体系手册；

(2) 工作程序和任务描述；

(3) 岗位描述；

(4) 上岗培训文件等。

如果选用书面的岗位描述形式，则需将员工的职业健康安全职责纳入其中，并及时进行岗位职责的沟通。

6. 职业健康安全的资源配置

在确定员工的职责和权限的同时，一方面施工企业有必要为其提供充足的配套资源，使其能够成功执行职业健康安全管理任务，另一方面，为了保持施工现场的职业健康安全，企业还需确保各层次的管理者可获得充分的资源(包括设备、人力、资源、专家和培训)。判定资源充分性可包括：

(1) 通过评估资源配置是否足以实施职业健康安全方案(包括绩效测量和监视在内)而确定；

(2) 对于已建立职业健康安全管理体系的企业来说，通过比较职业健康安全目标计划与实际完成的结果而确定(至少能部分地评估资源是否充分)。

企业的最高管理者应承担职业健康安全的最终责任,并在安全健康管理活动中起领导作用。

4.4.2 培训、意识与能力

对于其工作可能影响工作场所内职业健康安全的人员,应有相应的工作能力。在教育、培训和(或)经历方面,组织应对其能力作出适当的确定。

组织应建立并保持程序,确保处于各有关职能和层次的员工都意识到:

a. 符合职业健康安全方针、程序和职业健康安全管理体系要求的重要性;

b. 在工作活动中实际的或潜在的职业健康安全后果,以及个人工作的改进所带来的职业健康安全效益;

c. 在执行职业健康安全方针和程序,实际职业健康安全管理体系要求,包括应急准备和响应要求(见4.4.7)方面的作用和职责;

d. 偏离规定的运行程序的潜在后果。

培训程序应考虑不同层次的:

a. 职责、能力及文化程度;

b. 风险。

□ 标准条文理解要点

1. 企业应针对自己每个层次和职能,系统识别所需要的职业健康安全意识和能力,并针对员工个人,评价其现有职业健康安全意识、能力和水平。重在完成既定工作目标的能力评价。然后,比较员工个人现有职业健康安全意识和能力水平与其所处的层次和职能的需要,根据二者之间的差距,确定培训需求。

根据职业健康安全其他要素所识别出来的培训需求而确定,包括:

制定职业健康安全方针、目标和管理方案时所识别的培训需求;根据运行控制、应急准备和响应等要素识别的培训需求。

2. 根据培训需求,企业可以针对以下方面制定和保持培训计划:

(1) 就企业的职业健康安全安排和员工各自特定的作用和职责对员工进行培训;

(2) 对员工和在组织内各小组、现场、部门、区域、工作或任务之间进行调换的人员进行上岗和继续培训的系统方案;

(3) 在施工开始前就局部的职业健康安全、危险源、风险、所采取的预防措施和所遵循的程序进行培训;

(4) 执行危险源辨识、风险评价和风险控制的培训;

(5) 在职业健康安全体系中起特殊作用的员工(包括员工的职业健康安全代表、焊工、机械工、起重工、电工、架子工等)所需的特定的内部或外部培训。

3. 对所有管理员工、合同方人员和其他人员(如临时工)的人员就其职业健康安全职责进行培训,以确保他们和他们所管理的人员了解其所负责的运行的危险源和风险,无论这些危险源和风险发生在何处。此外,还要确保这些人员具备必要的能力按照职业健康安全程序安全地从事活动。

4. 对最高管理者就其作用和职责(包括企业和个人的法律职责)进行培训。

根据合同方人员、临时工和访问者所面临的风险水平制定培训方案。

对于供应商和合同方所建议的培训,企业需与劳务供方、工程专业分包方、材料分包方等进行协商,确定相关的培训方案。

5. 企业在识别培训需求和实施培训方案时,需按程序进行。在建立培训程序时,企业需根据自己不同层次的职责、能力和文化程序以及所面临的风险的不同特点,有针对性地予以考虑,以便使程序更有效。

6. 评价培训效果是为了评估培训的有效性,即培训的结果是否满足所识别的培训需求。评价培训效果的内容主要是对参加培训的员工是否弥补了所需的职业健康安全意识的能力进行评估。

评价培训效果的方法包括：

(1) 将评价作为培训的一部分；

(2) 通过适当的现场检查确定是否已获得所需的能力；

(3) 监视培训产生的长期效果。

企业应重点使相关职能和层次的员工具备如下意识：

(1) 遵循职业健康安全方针与程序，以及职业健康安全管理体系要求的重要性；

(2) 作业活动中实际和潜在的职业健康安全风险，以及改进个人行为所带来的职业健康安全效益；

(3) 在执行职业健康安全方针和程序，实现职业健康安全管理体系要求，包括应急准备与响应要求方面的作用与职责；

(4) 偏离规定的运行程序的潜在后果。

企业应确定必要的职业健康安全能力要求，以确保最高管理者和全体员工能够完成其承担的职业健康安全方面的任务和职责，并根据其教育水平、工作经验和接受过的培训对其能力进行鉴定。

企业应定期评审培训计划，必要时予以修订以保证其适宜性和有效性。包括考虑培训方式及考核结果的可靠性。

培训活动中应考虑不同层次员工的职责、能力和文化程序以及所承受的风险，根据其职业健康安全风险，有针对性地安排跟进培训，即动态地进行人员培训以保证其能力的适宜性。

4.4.3 协商和沟通

组织应具有程序，确保与员工和其他相关方就相关职业健康安全信息进行相互沟通。

组织应将员工参与和协商的安排形成文件，并通报相关方。

员工应：

a. 参与风险管理方针和程序的制定和评审；

> b. 参与商讨影响工作场所职业健康安全的任何变化;
> c. 参与职业健康安全事务;
> d. 了解谁是职业健康安全的员工代表和指定的管理者代表(见4.4.1)。

□ 标准条文理解要点

1. 施工企业协商和沟通的方式:

(1) 需建立形成文件的有关协商和沟通的程序,并按程序与员工和其他相关方进行协商和沟通。如施工现场的土建承包与设备安装承包或其他承包商之间的职业健康安全管理是通过它们之间的有关法规及合同要求的沟通与协商方式来进行运作的。

(2) 施工企业需建立员工的职业健康安全代表与管理者之间进行协商和沟通的有效机制,如:参与事故和事件调查及现场职业健康安全检查等。

(3) 管理者与员工通过某种机构(如:职业健康安全委员会或类似机构)正式协商。

(4) 其他沟通方式,如:员工和其他相关方(如:合同方人员或访问者)的职业健康安全简报,包含职业健康安全绩效资料和其他有关职业健康安全信息的公布栏,职业健康安全信息通讯,施工现场的职业健康宣传黑板报和标语。

2. 企业应安排员工参与施工和管理过程的协商。

3. 通过实施危险源辨识、风险评价和风险控制过程和程序而进行风险管理的决策,包括:

进行危险源辨识,评审与其自身活动有关的风险评价和风险控制,影响工作场所职业健康安全的改变,如:引入新的或改进的施工设备、原材料、模板、技术、过程、程序或工作模式等,均应有效及时进行风险管理的决策。

4. 应告知员工谁是他们的职业健康安全代表和企业最高管理者指定的管理者代表,以便于员工的内部沟通。

5. 员工及其代表有权参与职业健康安全管理体系的各项活

动,并享有如下权利:

(1) 参与职业健康安全工作方针和程序的制定、实施和评审;

(2) 参与影响作业场所人员职业健康安全的任何变化的讨论;

(3) 参与职业健康安全事务;

(4) 了解职业健康安全员工代表和职业健康安全管理者代表。

员工及其代表的参与和协商计划应形成文件,并通报相关方。

4.4.4 文件

组织应以适当的媒介(如:纸或电子形式)建立并保持下列信息:

　　a. 描述管理体系核心要素及其相互作用;

　　b. 提供查询相关文件的途径。

注:重要的是,按有效性和效率要求使文件数量尽可能少。

□ 标准条文理解要点

1. 施工企业在制定必要的文件以支持其职业健康安全过程前,需事先评审职业健康安全管理体系所需的文件和信息。

2. 本要素并不要求企业必须按照某特定的统一格式建立文件。

3. 本要素并不要求重新建立新文件替代现有文件(如手册、程序或作业指导书等),只要这些文件仍然充分适宜,所建立的职业健康安全体系就可以继续保留。

4. 对于已建立职业健康安全管理体系的企业来说,更为方便和有效的办法是,建立一个综述性文件以描述组织现有程序与OHSAS 18001:1999要求之间的相互关系。

5. 企业需从文件和信息的安全程度、需要限制的可访问性(尤其是电子媒介)和变化控制的考虑出发,确定文件和信息使用者的职责权限。

6. 企业需考虑文件的使用方法和环境,如:所提交的文件格式、所使用的信息系统电子设备。

7.企业应以适当的方式(如书面或电子形式)建立并保持下列信息：

(1)对管理体系核心要素及其相互作用的描述；

(2)提供查询相关文件的途径和指南。

职业健康安全管理体系文件在满足充分性和有效性的前提下，使文件实用、有效且最少。

4.4.5 文件和资料控制

组织应建立并保持程序，控制本标准所要求的所有文件和资料，以确保：

a．文件和资料易于查找；

b．对文件和资料进行定期评审，必要时予以修订并由被授权人员确认其适宜性；

c．凡对职业健康安全体系的有效运行具有关键作用的岗位，都可得到有关文件和资料的现行版本；

d．及时将失效文件和资料从所有发放和使用场所撤回，或采取其他措施防止误用；

e．对出于法规和(或)保留信息的需要而留存的档案文件和资料予以适当标识。

□ 标准条文理解要点

1．施工企业应按程序进行文件控制，因此需建立和保持文件和资料控制程序。

2．识别所需控制的所有文件和资料。这些文件和资料包含了组织职业健康安全管理体系运行和职业健康安全活动绩效的关键信息。

3．识别文件和资料控制的职责和权限。

4．对职业健康安全文件的标识、批准、发布和撤消的控制。

5．对文件和资料进行定期评审，必要时予以修订并由被授权人员确认其适宜性。

6. 所用文件和资料的目录及其位置的清单,如:文件登记簿、主要清单或索引等。

7. 确保无论在常规条件下还是在非常规条件下(包括紧急情况下),需要时现行版本的文件和资料都易获得和可用,例如:确保过程运行人员和所有在紧急情况下需要它们的人员能及时获得最新的装置工程制图、危险物质资料卡、程序和作业指导书。

8. 适当标识档案文件和资料,有的可能需要与法规或其他时间要求保持一致。

企业应建立并保持程序,控制本规范所要求的所有文件和资料,以满足下列要求:

(1) 文件和资料易于查询;

(2) 对它们进行定期评审,必要时予以修订并由授权人员确认其适宜性;

(3) 所有对职业健康安全管理体系有效运行具有重要作用的岗位,都能得到有关文件和资料的有效版本;

(4) 及时将失效文件和资料从所有发放和使用场所撤回,或采取其他措施防止误用;

(5) 根据法律、法规的要求和(或)保存信息的需要,留存的档案性文件和资料应予以适当标识。

4.4.6 运行控制

组织应识别与所认定的、需要采取控制措施的风险有关的运行和活动。组织应针对这些活动(包括维护工作)进行策划,通过以下方式确保它们在规定的条件下执行:

a. 对于因缺乏形成文件的程序而可能导致偏离职业健康安全方针、目标的运行情况,建立并保持形成文件的程序;

b. 在程序中规定运行准则;

c. 对于组织所购买和(或)使用的货物、设备和服务中已识别的职业健康安全风险,建立并保持程序,并将有关的程序和要求通报供方和合同方;

d. 建立并保持程序,用于工作场所、过程、装置、机械、运行程序和工作组织的设计,包括考虑与人的能力相适应,以便从根本上消除或降低职业健康安全风险。

□ 标准条文理解要点

1. 施工企业运行控制的对象是企业内与所认定的、需要采取控制措施的风险有关的运行和活动。即这些运行和活动必需与风险有关,这些运行和活动必需处于受控状态。一旦失控,将可能使风险由可容许风险上升为不可容许风险。

2. 建筑企业运行控制的内容是为上述运行和活动作出计划安排,即对这些运行和活动进行策划,确保它们按程序进行。包括对进场施工设备及人员进行验证,对施工现场进行全面的安全策划及运行控制等。

3. 企业在策划运行控制时,重点应规定各项活动的运行规则。包括:

(1) 对于企业内工作场所中的运行和活动实施运行控制,具体内容包括:识别与所认定的、需要采取控制措施的风险有关的运行和活动。

(2) 确定这些运行和活动是否需要建立形成文件的程序或规则。其主要依据是,对于这些运行和活动,如果缺乏形成文件的运行控制程序,就可能导致组织的运行偏离其职业健康安全方针和目标,企业就必须为这些运行和活动建立并保持运行控制程序。

(3) 对于供方或承包方所带来的、需要采取控制措施的风险,应建立并保持运行控制程序,并通报供方或承包方。供方或承包方所带来的风险包括:

一方面企业所购买和(或)使用的建筑材料、设备和服务中已识别的、需要采取控制措施的职业健康安全风险;

另一方面已识别的由合同方人员和访问者所带来的需要采取控制措施风险。

4. 施工企业应重点做好对施工现场的员工的职业病控制,包括尘肺、眼病、皮肤病、耳鼻喉病等。一方面应做好相关的劳动防护和身体定期检查,另一方面应做好食堂的卫生,防止出现中毒等情况发生。

5. 施工企业应在设计工作场所、过程、装置、机械、运行程序和项目部、总部机构时实施运行控制,即为了从根本上消除或降低职业健康安全风险,企业在最初设计时就应按照运行控制程序进行。为此,企业有关设计活动的运行控制需考虑应用相关理论,使所设计的工作场所、过程、装置、机械、运行程序和工作组织符合人的生理和心理特点,并与人的能力相适应。比如:项目部的施工单面布置,施工机具和工艺选择,施工组织设计及方案的编制等,均应与相关的人员素质及能力进行协调。

6. 应充分考虑建筑企业的风险扩展至业主或其他外部相关方场所(或控制区域)的情况。例如:企业的员工在业主场所工作。为此,企业有可能需要就此类职业健康安全问题与外部相关方进行协商,根据需要实施运行控制。

7. 为了确保运行控制的适宜性和有效性,企业特别是项目部需对运行控制进行定期评审。对于评审中所识别的需要修改的运行控制程序,有关部门需及时加以修改,并予以实施。

8. 施工企业职业健康安全运行规则应严格执行建设部的《建筑安装工人安全技术操作规程》及卫生部有关职业病的有关文件的规定。

4.4.7 应急准急和响应

组织应建立并保持计划和程序,以识别潜在的事件或紧急情况,并作出响应,以便预防和减少可能随之引发的疾病和伤害。

组织应评审其应急准备和响应的计划和程序,尤其是在事件或紧急情况发生后。

如果可行,组织还应定期测试这些程序。

□ 标准条文理解要点

1. 应急准备和响应的对象是指潜在的事件和紧急情况。应急准备和响应的措施是针对风险控制措施的失效情况所采取的补充措施和抢救行动,以及针对可能随之引发疾病和伤害的紧急情况所采取的措施。

2. 应急准备的响应的目的是预防和减少可能随之引发的疾病和伤害。这种应急响应是针对不可接受风险的,但同时也包括其他不可预见的风险所造成的疾病或伤害。这是由于人身伤害的特点所决定的。

3. 企业应识别应急响应需求(包括应急设备需求及其紧急情况的特点)。可考虑以下几方面:

(1) 危险源辨识、风险评价和风险控制的结果;

(2) 法规或其他要求;

(3) 以往事故、事件和紧急情况的经验;

(4) 来自于类似企业以往事故、事件和紧急情况(包括职业病)的经验;

(5) 各种可能的紧急情况的特点。

4. 为了满足应急响应需求,施工企业应:

(1) 制定施工应急计划;

(2) 为实施应急计划而建立有关的配套程序;

(3) 提供充分数量的应急设备;

(4) 评审应急计划和程序;

(5) 尽可能地定期测试应急程序或预案。

5. 应急计划和相关程序的有机结合可以形成预案,是对特定紧急情况发生时所采取措施的可操作性描述。企业应编制相应预案,其内容可包括以下几方面:

(1) 识别潜在的事件和紧急情况;

(2) 识别应急期间的负责人;

(3) 有关人员在应急期间所采取的措施的详细资料,包括处于应急场所的外部人员(如:合同方人员或访问者)所采取的措施(例如:可能要求他们集合到特定的地点);

(4) 应急期间起特定作用的人员(如消防员、急救人员和医疗专家)等的职责、权限和义务；

(5) 疏散程序；

(6) 危险源材料的识别和放置以及所要求的应急措施；

(7) 与外部应急服务机构的连接；

(8) 与立法部门的沟通；

(9) 与社区和公众的沟通；

(10) 至关重要的记录和相应设备的保护；

(11) 应急期间必要信息的适用性，如：装置布置图、危险源材料的资料、程序、工作指示和联络电话号码等。

6. 如果应急响应活动需要外部机构的参与(如消防队、抢险队、110、120救急等)，企业可将相关参与内容明确形成文件，并向这些机构通报所参与的可能环境情况，为其提供所需信息以便更好地参与应急响应活动。

7. 应急程序与预案都是指实施应急措施和行动的途径，如：应急疏散、危险源材料及人员伤害的应急措施及抢救方法、与外部应急服务机构的联系程序、至关重要的记录和设备的保护程序等。应急程序一般是常见的通用规定，而预案是相对一个具体项目的规定，预案可能会引用相关程序的要求。应急程序与应急预案进行有效协调。

8. 为确保应急设备的应急能力，企业需在特定的时间间隔内对应急设备进行测试，以保持其持续可操作性。应急设备包括：

(1) 报警系统；

(2) 应急照明和动力；

(3) 人员逃生工具；

(4) 人员安全避难所；

(5) 危急隔离阀、开关和断流器；

(6) 消防设备；

(7) 人员急救设备(包括应急喷淋等)；

(8) 通讯设备。

9. 应急准备和响应的计划和程序(或预案)的测试和评审:

(1) 为确保应急计划和程序的适宜性、有效性和充分性,企业需尽可能地定期对其进行测试,尽可能要求对事件进行演习或模拟。测试的方法包括实际演练、计算机模拟等。实际演练的目的在于,测试应急计划最关键部分的有效性和应急计划过程的完整性。

(2) 企业应评审应急准备和响应的计划和程序,尤其是在事件或紧急情况发生后,可以根据实际的应急情况,评价应急准备和响应的计划和程序,以便于改进计划和程序,提高应急能力。

(3) 企业应建立并保持计划和程序,比如:应急预案,确定潜在的事件或紧急情况,并对其作出应急响应,以预防或减少与之有关的疾病和伤害。

应急预案应该与企业的规模和活动的性质相适应,并符合下列要求:

1) 保证在作业场所发生紧急情况时,能提供必要的信息、内部交流和协作以保护全体人员的安全健康;

2) 通知并与有关当局、近邻和应急响应部门(含医院、急救中心)建立联系。

阐明急救和医疗救援、消防和作业场所内全体人员的疏散问题。

企业应确定评价应急预案与响应实际效果的计划和程序,并可根据实际情况定期检验上述程序。

4.5 检查和纠正措施

检查和纠正措施如图 4.3-3 所示。

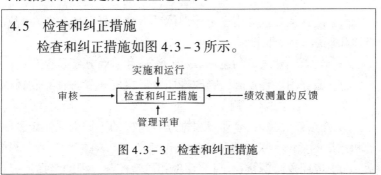

图 4.3-3 检查和纠正措施

4.5.1 绩效测量和监视

组织应建立并保持程序,对职业健康安全绩效进行常规监视和测量。程序应规定:

a. 适合组织需要的定性和定量测量;

b. 对组织的职业健康安全目标的满足程度的监视;

c. 主动性的绩效测量,即监视是否符合职业健康安全管理方案、运行准则和适用的法规要求;

d. 被动性的绩效测量,即监视事故、疾病、事件和其他不良职业健康安全绩效的历史证据;

e. 记录充分的监视和测量的数据和结果,以便于后面的纠正和预防措施的分析。

如果绩效测量和监视需要设备,组织应建立并保持程序,对此类设备进行校准和维护,并保存校准和维护活动及其结果的记录。

□ 标准条文理解要点

1. 绩效测量和监视主要是对建筑企业职业健康安全目标和满足程度的监视。为了确定职业健康安全目标的满足程度,绩效测量和监视可针对以下关键绩效指标(但不仅限于此)进行测量和监视:

(1) 职业健康安全方针和目标是否正在得到实现;

(2) 风险控制是否实施并且有效;

(3) 是否从职业健康安全管理体系失败包括危险事件(事故、事件和疾病)中吸取教训;

(4) 员工和相关方的意识、培训、沟通和协商方案是否有效;

(5) 能够用于评审和(或)改进职业健康安全管理体系状况的信息是否正在建立和使用。

2. 在绩效测量时,企业可根据绩效指标的不同而采用定性测量和定量测量两种绩效测量方法。包括:

(1) 应用危险源辨识、风险评价和风险控制过程的结果;

(2)使用检查表进行系统的工作场所特别是施工工地的检查；

(3)职业健康安全视察,如:以"现场巡视"为基础的检查；

(4)对新施工设备、原材料、化学品、技术、过程、程序或项目管理模式的预先评估；

(5)检验特定机械和装置,以检查与安全有关的部分是否处于适宜和良好状态；

(6)安全抽样:检测特定的职业健康安全方面等等。

3．为了全面了解企业的职业健康安全绩效,企业在进行绩效监视时可以将主动性监视和被动性监视两种监视方法结合起来。监视应以不可接受风险、目标及相关的重要法规要求等为主要范围。

4．科学的监视内容和频次,是施工企业安全运行的前提。企业可根据所面临的风险水平和有关的法规要求确定。为了更好地进行监视,企业还可以根据危险源辨识和风险评价的结果以及法规的要求制定形成文件的监视计划,由项目或职能部门管理者对施工过程、工作场所和实际操作进行常规的职业健康安全监视。但需注意,为了确保职业健康安全程序和行为准则的符合性,监视策划需对所有现场管理人员承担关键任务的监测运行规则作出规定。施工企业的运行规则的监测可执行建设部有关安全规程,包括《建筑安装工程安全技术规程》等。

关于绩效测量和监视的检验,施工企业需注意把握以下几方面：

1)设备检验；

2)施工条件；

3)安全设施的验证检验；

4)安全的运行检验记录。

5．任何用于评价职业健康安全状况、调查职业健康安全事件或失败情况、支持有关职业健康安全决策的统计或其他理论分析技术,均需建立在科学原理的基础之上。管理者代表需确保此类技术需求的识别。

如果绩效测量和监测需要用到监测设备,如:压力表、兆欧表等,企业应建立并保持程序,对这类设备进行校准和维护,并应保存校准和维护活动及结果的记录。

4.5.2 事故、事件、不符合、纠正和预防措施

组织应建立并保持程序,确定有关的职责和权限,以便:

a. 处理和调查:
- 事故;
- 事件;
- 不符合;
- 采取措施减小因事故、事件或不符合而产生的影响;
- 采取纠正和预防措施,并予以完成;
- 确认所采取的纠正和预防措施的有效性。

这些程序应要求,对于所有拟定的纠正和预防措施,在其实施前应先通过风险评价过程进行评审。

为消除实际和潜在不符合原因而采取的任何纠正或预防措施,应与问题的严重性和面临的职业健康安全风险相适应。

组织应实施并记录因纠正和预防措施而引起的对形成文件的程序的任何更改。

□ 标准条文理解要点

1. 应制订事故、事件、不符合调查处理及纠正、预防措施程序。

2. 对于所有拟定的纠正和预防措施,在其实施前应先通过风险评价过程进行评审,以识别是否会产生新的风险。包括风险的大小、后果等均应进行识别和评价。风险大的纠正和预防措施应坚决放弃。这种控制方式对于施工企业意义重大,应贯穿施工的全过程管理。包括应用"三新"时的风险均应进行识别和评审。

为消除实际和潜在不符合原因而采取的任何纠正或预防措施,应与问题的严重性和面临的职业健康安全风险相适应。这里包括措施的有效性和效率。

企业实施并记录因纠正和预防措施而引起的对形成文件的程序的任何更改。

企业在实施本要素时必需按程序执行。包括职责权限、处理对象及措施等。

3．施工企业应分类分层控制相关事故、事件及不符合，确定如何实施调查过程，包括：

（1）所调查事件的类型，如：能够导致严重伤害的事件；

（2）调查的目的；

（3）谁负责调查、调查人员的权限和所要求的资格（如适宜，可包括各层次管理者）；

（4）不符合的根源；

（5）与目击者面谈的安排；

（6）诸如摄像机的可用性和证据的保存之类的实际问题；

（7）安排调查报告（包含法定的报告要求）。

4．在对已识别的不符合、事故和事件的根源进行分类和常规分析时，施工企业需注意：按照建设部的规定计算事故频次和严重程度等级，以利于进行比较分析。包括：需报告的或误工的伤害（疾病）的频次或严重程度等级、位置、伤害类型、身体部位、所涉及的活动、所涉及的机构、日期、时间，财产损坏的类型和数量，直接的和根本的原因。

5．应注意涉及财产损坏的事故。关于财产损坏的事故，可从有关的财产修理记录中获得线索，因为财产修理记录中包含了未报告的事故（事件）所导致的财产损坏情况，同时企业应作出有效的结论，并采取纠正措施，至少每年将这种分析上报到最高管理者，使之纳入管理评审中。

6．应客观评价职业健康安全调查和报告的有效性，如何能应得出量化的结果。

（1）如可行，识别组织的职业健康安全管理体系和一般管理中的缺陷的根源；

(2) 就发现的问题、建议与管理者和有关的相关方沟通;

(3) 将出自调查中的有关发现和建议纳入持续的职业健康安全评审时过程中;

(4) 监视补救控制措施的及时实施及其在整个时期内随后的有效性;

(5) 施工企业应将出自不符合调查中的经验教训应用于整个企业,以防止再发生,但重要的是不符合产生的根源及其发展内涵,而不仅局限于所采取的特定措施。

7. 任何旨在消除实际和潜在不符合原因的纠正和预防措施,应与问题的严重性和针对的职业健康安全风险相适应。比如:脚手架作业防坠落的措施应考虑架子工的能力、防护设施及搭设方案的合理性等,以降低坠落的风险。

8. 对于纠正和预防措施引起的对文件化程序的更改,企业应遵照实施并予以记录。

企业应建立和保持程序,用来标识、保存和处置职业健康安全记录以及审核和评审结果。

4.5.3 记录和记录管理

组织应建立并保持程序,以标识,保持和处置职业健康安全记录以及审核和评审结果。

职业健康安全记录应字迹清楚、标识明确,并可追溯相关的活动。职业健康安全记录的保存和管理应便于查阅,避免损坏、变质或遗失。应规定并记录保存期限。

应按照适于体系和组织的方式保存记录,用于证实符合本标准的要求。

□ 标准条文理解要点

1. 企业必需通过程序进行记录管理。程序可考虑以下几方面:

(1) 记录的标识

职业健康安全记录需完整填写,字迹清楚,标识明确,并有明确的保存时间。

(2) 记录的保存

1) 记录的保存需遵守有关职业健康安全记录保持力的法规和其他要求。

2) 职业健康安全记录应保存在安全地点,便于查阅,避免损坏,尤其是重大的职业健康安全记录,更妥善保护或按法规要求加以保护,以防可能的火灾和其他损坏。

3) 程序需明确规定职业健康安全记录的处置权限,确保记录的处置按程序进行。重点是项目部的记录归档及管理情况。

4) 如果职业健康安全记录涉及保密要求,那么程序就必需作出相应的规定。

5) 如果企业使用电子设备(如:计算机)进行记录,那么程序还需就电子记录问题提出有关要求。

6) 企业需保持的主要记录(应包括对分承包方的部分记录)如下:

各类人员培训记录;

职业健康安全检验记录;

职业健康安全管理体系审核报告;

有关协商报告;

施工事故(事件)报告;

施工事故(事件)跟踪报告;

职业健康安全会议纪要;

健康及医疗检查报告;

现场安全运行监视记录;

人员防护设备发放和维护(如安全帽、安全带等)记录;

应急响应演练报告或测试记录;

管理评审报告;

危险源辨识、风险评价和风险控制记录。

7) 职业健康安全记录应字迹清楚、标识明确,并可追溯相关的活动。职业健康安全记录的保存和管理应便于查阅,避免损坏、变质或遗失。应规定并记录其保存期限。

记录应以与体系和企业相适应的方式保存,用来证明符合本规范的要求。

> 4.5.4 审核
>
> 组织应建立并保存审核方案和程序,定期开展职业健康安全管理体系审核,以便:
>
> a. 确定职业健康安全管理体系是否:
>
> ·符合职业健康安全管理的策划安排,包括满足本标准的要求;
>
> ·得到了正确实施和保持;
>
> ·有效地满足组织的方针和目标。
>
> b. 评审以往审核的结果;
>
> c. 向管理者提供审核结果的信息。
>
> 审核方案,包括日程安排,应基于组织活动的风险评价结果和以往审核的结果。审核程序应既包括审核的范围、频次、方法和能力,又包括实施审核和报告审核结果的职责和要求。
>
> 如果可能,审核应由与所审核活动无直接责任的人员进行。
>
> 注:这里"无直接责任的人员"并不意味着必须来自组织外部。

□ 标准条文理解要点

1. 企业应制定审核的程序。

2. 企业的内部审核可由企业内部的员工和(或)由企业挑选的外部人员执行,特别是审核人员较少的建筑企业可以聘请相应的外部审核员进行内审,但应公正客观。承担审核工作的人员可以是一个或一个以上的人。如果以审核小组形式,特别是分若干小组分别赴相应工地开展审核工作,还可包含拥有专业技能的专家。审核员需独立于所审核的部门或活动。具有相关的标准知识和职业健康安全管理体系方面的知识,以使他们能够评估绩效和识别缺陷。熟悉相关施工安全法规的所有要求,了解和获取与施工过程安全管理有关的标准和权威性资料。

3．审核方法：在 GB/T 19011 标准中描述的通用原则和方法也可用于职业健康安全管理体系审核。

4．内审过程应包括：

（1）施工和管理活动有代表性的基本活动样本得到审核；

（2）与有关人员（如可行，包括员工代表和职业健康安全代表）得以面谈；

（3）相关文件得到检查，可能包括以下文件：

职业健康安全管理体系文件、方针目标、应急程序或预案、事故（事件）报告和记录、职业安全会议纪要及有关培训、沟通记录。

5．资料核查纳入审核程序之中，以避免曲解或误用所收集的资料、信息或其他记录。

6．实施审核和报告审核结果的职责和要求。包括如下内容：

审核的结果需包括有关职业健康安全程序的有效性、对程序和惯例的符合性的详尽评价，以及所需采取的必要纠正措施。

7．最终的职业健康安全管理体系审核报告内容应清楚、准确和完整，注明日期并由审核人员签名。审核报告可包含以下要素：

（1）审核的目的和范围；

（2）审核计划的细节、审核小组成员、审核日期和受审核方的识别；

（3）用于执行审核的参考文件的识别（如：GB/T 28001、职业健康安全管理手册）；

（4）识别不符合的详细记录；

（5）审核人员对符合 GB/T 28001 程度的评价；

（6）职业健康安全管理体系实现所确立的职业健康安全目标的能力。

8．最终的职业健康安全管理体系审核报告的分发应发至施工项目工地、各有关部门等。

9．审核结果需尽快反馈给所有相关方，以便采取纠正措施。

10．审核结果需予记录，并定期向管理者报告，由管理者进行对审核结果的评估或决策。

11. 施工企业在审核时需按审核方案的安排进行。审核方案,包括日程安排,需依据企业活动的风险评价结果和以往的评审结果制定。在制定审核方案时,企业需将审核的重点集中在职业健康安全管理体系绩效方面,特别是施工现场的安全管理效果,而不要与职业健康安全或其他安全检验相混淆。

12. 审核方案需按年度或一个周期制定,并覆盖其范围内的整个运行。此外,如果情况需要,如发生一次事故之后,可能还需要执行临时需要的职业健康安全管理体系审核,即执行附加的审核。

4.6 管理评审

组织的最高管理者应按规定的时间间隔对职业健康安全管理体系进行评审,以确保体系的持续适宜性、充分性和有效性。管理评审过程应确保收集到必要的信息以供管理者进行评价。管理评审应形成文件。

管理评审应根据职业健康安全管理体系审核的结果、环境的变化和对持续改进的承诺,指出可能需要修改的职业健康安全管理体系方针、目标和其他要素。

□ 标准条文理解要点

1. 管理评审需按计划安排进行。施工企业在制定管理评审计划时可考虑以下几个方面:

(1) 所针对的主题;
(2) 谁参加(管理者、职业健康安全专家顾问、其他人员);
(3) 每个参与者在评审方面的职责;
(4) 送交评审的信息。

2. 管理评审可针对以下方面执行:

(1) 现有职业健康安全方针和适用性;
(2) 风险的现有水平和现行控制措施的有效性;
(3) 资源的充分性(财力、人力、物力);

(4) 职业健康安全检验过程的有效性；

(5) 危险源报告过程的有效性；

(6) 有关已发生的事故和事件的资料；

(7) 所记录的无效程序的实例；

(8) 自前次评审以来所进行的内部审核和外部审核的结果及其有效性；

(9) 应急准备的状况；

(10) 对职业健康安全管理体系的改进，如：采取新的主动性或扩大现有的主动性；

(11) 任何事故和事件调查的输出；

(12) 法规或技术的预期变动的影响评价。

3．管理评审的实施：

管理评审需由最高管理者按规定的时间间隔执行，如：每年或半年执行一次。

因为日常安全风险问题在职业健康安全管理体系内可通过正常手段处理(例如：通过制定目标进行风险控制)，因此，管理评审需将重点集中在职业健康安全管理体系总体绩效上，而非具体细节问题上。

4．管理者代表需向最高管理者报告职业健康安全管理体系的总体绩效。必要的话，职业健康安全管理体系绩效的局部评审可在更频繁的时间间隔内执行。

5．管理评审应根据职业健康安全管理体系审核的结果、不断变化的客观环境和对持续改进的承诺，指出方针、目标以及职业健康安全管理体系其他要素可能需要进行的修改。

6．评审过程与结果应形成文件，并将有关结果向负责职业健康安全管理体系相关要素的人员、职业健康安全委员会、员工及其代表通报，以便他们能采取适当措施。

7．管理评审记录的主要内容；

(1) 建立与保持企业职业健康安全管理体系；

(2) 办公建筑及布置的安全评价；

(3) 施工作业环境安全评价;
(4) 设备安全性评价;
(5) 电气安全评价;
(6) 化工安全评价;
(7) 消防安全评价;
(8) 重大危险装置的鉴别与分级;
(9) 重大事故控制计划;
(10) 应急计划的制定与演习;
(11) 安全管理综合评价;
(12) 员工安全意识及安全态度评价;
(13) 施工特种作业人员安全检查;
(14) 规章制度安全检查;
(15) 操作现场违章表现检查;
(16) 全员职业健康安全文化评价;
(17) 专项安全评价。

第四节　职业健康安全管理体系标准要素间的逻辑关系及系统化

职业健康安全管理体系标准包含着实现不同管理功能的要素,每一要素都不是孤立存在独立发挥作用的,要素间存在着相互作用,存在着一定的逻辑关系。

施工企业实施职业健康安全管理体系的目的是辨识企业内部存在的危险源,控制其所带来的风险,从而避免或减少事故的发生。风险控制主要通过两个步骤来实现,对于企业不可接受的风险,通过目标、管理方案的实施,来降低其风险;所有需要采取控制措施的风险都要通过运行控制使其得到控制。职业健康安全风险是否按要求得到有效控制,还需要通过不断的绩效测量和监视,对其进行检查,从而保证职业健康安全风险得到有效控制。因此,职业健康安全管理体系标准中的:危险源辨识、风险评价和风险控制策划,目标,职业健康安全管理方案,运行控制,绩效测量和监视,这些要素成为职业健康安全管理体系的一条主线,其他要素围绕这条主线展开,起到支撑、指导、控制这条主线的作用。事实上,施工企业建立和保持职业健康安全管理体系是按照这条主线进行运作的,也是企业进行内审的基本主线。上述职业健康安全管理体系要素间的逻辑关系,可用一简单逻辑图示,如图 4.4-1 所示。

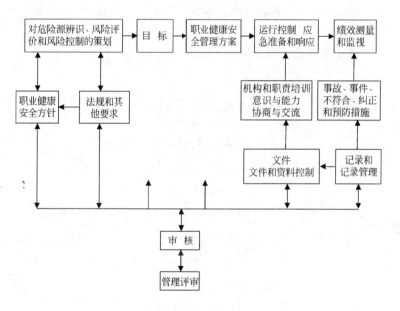

图 4.4-1　职业健康安全管理体系要素间逻辑关系

第五章　施工企业实施职业健康安全管理体系的运作程序

第一节　职业健康安全管理体系运作流程

施工企业建立职业健康安全管理体系的一般流程如图5.1-1所示：

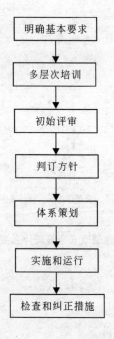

图 5.1-1　施工企业建立职业健康安全管理体系的一般流程

上述一般流程表达了施工企业建立职业健康安全管理体系的运作程序。

施工企业建立职业健康安全管理体系,是要在企业原有体系基础上,建立在符合 GB/T 28001 标准 17 个要素要求的、文件的、规范化的职业健康安全管理系统。其流程的含义如下:

1. 明确基本要求

主要包括建立该体系的企业要有合法的法律地位和遵守国家有关的法律法规。

同时,施工企业应明确贯彻 GB/T 28001 标准的目的及意图。如果是为了强化管理,则可以结合 GB/T 28002 标准一起实施;如果是为了进行认证,则应以 GB/T 28001 为基准,提出具体的认证计划。

2. 进行人员技术培训

对有关人员进行技术培训时,要有针对性。对管理层的培训着重是职业健康安全管理方针、高层意识;对特殊层培训的要求是了解岗位基本职业健康安全处理技术;对员工层培训的要求是具有一定基础职业健康安全意识。同时应专门培训一批专业骨干,以骨干来推进体系的实施工作。

3. 进行初始评审

应进行企业职业健康安全体系的初始评审,包括对组织现有管理制度、各种职业健康安全影响确定、风险隐患和遵守有关法律法规的情况等进行评审。可以自下而上的或是自上而下的进行,调查企业职业健康安全现状,包括事故、事件的发生及其原因,评审企业的管理控制能力,以及需要改进的地方,为建立体系作好准备。

4. 方针

由最高管理层制定职业健康安全管理体系方针,指出职业健康安全管理体系的建立和保持总的目标和承诺。方针应为企业职业健康安全管理目标提供一个评审的框架,同时也为相关方提供一个承诺,使企业在社会的形象得到界定和定位。

5. 策划

策划主要包括危险源识别、风险评估和风险控制策划,法律法规和其他要求,目标、管理方案。进行策划时,一是要求具有企业管理特色和反映企业文化。二是要求应有可操作性,既不能随意降低标准要求,也不能随意提高,应以在标准要求的基础上持续改进为宜,因此设计和编写体系文件应注意其适宜性和符合性。

6. 实施和运行

根据策划结果实施风险控制的活动,实施职业健康安全管理方案并保留各种运行证据。实施运行应重点在施工现场展开,包括运行的方式、资源配置及人员培训等,特别是分包方或供方的运行实施是关键,运行应以实际效果为关注重点。

7. 检查和纠正措施

包括检查日常运行情况、实施内审和管理评审和纠正预防不合格行为。这里的关键是以持续改进为核心,不断改进体系质量、确保预防事故的发生。

第二节　危险源辨识、风险评价及风险控制策划

工程建设企业建立与运行职业健康安全管理体系,其危险源是整个职业健康安全管理体系的核心问题。危险源辨识、风险评价及风险控制是建立职业健康安全管理体系初始状态评审阶段的一个主要工作内容,同时作为体系的核心要素,又是体系运转中的关键过程。

一、危险源辨识、风险评价及风险控制策划的程序

下面流程图(图 5.2-1)为危险源辨识、风险评价与风险控制策划的基本步骤。

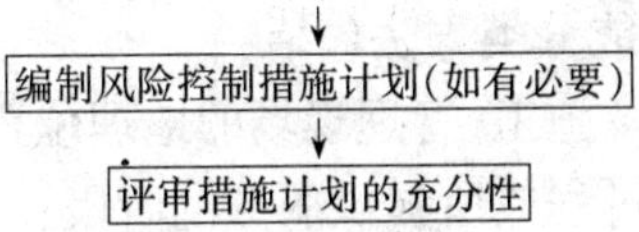

```
        ↓
┌─────────────────────────────┐
│ 编制风险控制措施计划(如有必要) │
└─────────────────────────────┘
        ↓
┌─────────────────────┐
│ 评审措施计划的充分性 │
└─────────────────────┘
```

图 5.2-1　危险源辨识、风险评价与风险控制程序流程

1. 相关业务活动分类

编制一份业务活动表，其内容包括办公区、施工工地、设备、人员和程序，并收集有关信息。

2. 实施危险源辨识

辨识与各项业务活动有关的所有危险源，考虑谁会受到伤害以及如何受到伤害。

3. 进行风险评价

在假定计划的或现有控制措施适当的情况下，对与各项危险源有关的风险做出主观评价，评价人员还应考虑控制的有效性以及一旦失败所造成的后果。

4. 判定风险是否可容许

判断计划的或现有的职业健康安全措施是否足以把危险源控制住，并符合法律或方针的要求。

5. 编制风险控制措施计划(如有必要)

编制计划以处理评价中发现的、需要重视的任何问题。企业应确保新的和现行控制措施仍然适当和有效。

6. 确保评审措施计划的充分性

针对已修正的控制措施，重新评价风险，并检查风险是否可容许。

二、相关业务活动分类

危险源辨识、风险评价及风险控制策划，首先要准备一份施工及管理活动分类表。业务活动的分类要考虑对危险源的易于控制和必要信息的收集，既要包括日常的生产活动，又要包括不常见的维修任务等。

业务活动的可能分类方法包括:
(1) 企业办公及施工、管理现场的地理位置;
(2) 施工生产过程或所提供服务的阶段;
(3) 计划的和被动性的工作,如施工塔吊装拆,塔吊倾覆后的应急等。

在相关业务活动分类的基础上,全面有针对性地进行危险源辨识、风险评价及风险控制策划。一般内容如下:
(1) 办公、施工及管理的业务活动;
(2) 危险源;
(3) 施工及管理风险的现行控制措施;
(4) 暴露于风险中的各类人员;
(5) 伤害的可能性;
(6) 伤害的严重程度;
(7) 所识别的风险水平;
(8) 根据评价结果而需采取的措施;
(9) 管理细节,如评价者姓名、日期等。

三、危险源辨识

1. 危险源分类

施工行业的危险源是可能导致伤害或疾病、财产损失、工作环境破坏或这些情况组合的根源或状态。实际与施工有关的生活和工作中危险源很多,存在的形式也较复杂,这在辨识上增加了难度。如果把各种构成危险源的因素,按照其在事故发生发展过程中所起的作用划分成类别,无疑会给危险源辨识工作带来方便。

根据能量意外释放理论,能量或危险物质的意外释放是伤亡事故发生的物理本质。于是,把施工生产过程中存在的,可能发生意外释放的能量(能源或能量载体)或危险物质称作第一类危险源。为了防止第一类危险源导致事故,必须采取措施约束、限制能量或危险物质,控制危险源。

正常情况下,施工生产过程中的能量或危险物质受到约束或限制,不会发生意外释放,即不会发生事故。但是,一旦这些约束或限制能量或危险物质的措施受到破坏或失效(故障),则将发生事故。

导致能量或危险物质约束或限制措施破坏或失效的各种因素称作第二类危险源。第二类危险源主要包括物的故障、人的失误和环境因素。

物的故障是指机械设备、装置、元部件等由于性能低下而不能实现预定的功能的现象。从安全功能的角度,物的不安全状态也是物的故障。物的故障可能是固有的,由于设计、制造缺陷造成的;也可能由于维修、使用不当,或磨损、腐蚀、老化等原因造成的。

人的失误是指人的行为结果偏离了被要求的标准,即没有完成规定功能的现象。人的不安全行为也属于人的失误。人的失误会造成能量或危险物质控制系统故障,使屏蔽破坏或失效,从而导致事故发生。

人和物存在的环境,即施工作业环境中的温度、湿度、噪声、振动、照明或通风换气等方面的问题,会促使人的失误或物的故障发生。

工程建设企业一起伤亡事故的发生往往是两类危险源共同作用的结果。第一类危险源是伤亡事故发生的能量主体,决定事故后果的严重程度;第二类危险源是第一类危险源造成事故的必要条件,决定事故发生的可能性。两类危险源相互关联、相互依存。第一类危险源的存在是第二类危险源出现的前提,第二类危险源的出现是第一类危险源导致事故的必要条件。因此,施工企业危险源辨识的首要任务是辨识第一类危险源;在此基础上再辨识第二类危险源。

从整体上讲可从一些广义的角度对危险源进行分类。

(1) 按发生物质形态划分:

1) 机械类;

2) 电气类;

3) 辐射类;

4) 物质类;

5）火灾与爆炸类。

(2) 按发生性质划分：

1）物理性；

2）化学性；

3）生物性；

4）心理、生理性；

5）行为性；

6）其他。

(3) 常见的危险源：

1）在平地上滑倒/跌倒；

2）员工从高处坠落；

3）工具、材料等从高处坠落；

4）施工员工活动空间不足；

5）施工吊装与工具、材料等的手提/搬运有关的危险源；

6）与装配、试车、操作、维护、改型、修理和拆卸有关的装置、机械的危险源；

7）车辆危险源，包括场地运输和公路运输；

8）火灾和爆炸；

9）对施工员工的暴力行为；

10）现场可吸入的物质；

11）可伤害眼睛的物质或试剂；

12）可通过皮肤接触和吸收而造成伤害的物质；

13）可通过摄入(如通过口腔进入体内)造成伤害的物质；

14）混凝土施工的有害能量(如电、辐射、噪声、振动)；

15）由于经常性的重复动作而造成的与工作有关的上肢损伤；

16）不适当的热环境,如过热；

17）夜间施工照明度；

18）易滑、不平坦的场地/地面；

19）不适当的楼梯护栏或手栏；

20) 工程监理、劳务作业人员的活动。

工程建设企业必须根据其业务活动的性质和工作场所的特点识别危险源。

2．危险源辨识方法

危险源辨识的方法很多，每一种方法都有其目的性和应用的范围。常见的危险源辨识方法如下：

(1) 询问、交谈

对于企业的某项工作具有经验的人，往往能指出其施工及管理工作中的危害。从识别的危害中，可初步分析出工作所存在一、二类危险源。

(2) 现场观察

通过对施工作业环境的现场观察，可发现存在的危险源。从事现场观察的人员，要求具有施工安全技术知识和掌握了完善的职业健康安全法规、标准。

(3) 查阅有关记录

查阅企业的事故、职业病的记录，可从中发现存在的危险源。

(4) 获取外部信息

从有关类似企业、文献资料、专家咨询等方面获取有关危险源信息，加以分析研究，可辨识出施工企业存在的危险源。

(5) 工作任务分析

通过分析企业各层次成员工作任务中所涉及的危害，可识别出有关的危险源。

(6) 安全检查表(SCL)

利用已编制好的安全检查表(Safety Check List)，对企业进行系统的安全检查，可辨识出存在的危险源。

(7) 危险与可操作性研究(HAZOP)

危险与可操作性研究(Hazard and Operability Study)，是一种对工艺过程中的危险源实行严格审查和控制的技术。它是通过指导语句和标准格式寻找工艺偏差，以辨识系统存在的危险源，并确定控制危险源风险的对策。

(8) 事件树分析(ETA)

事件树分析(Event Tree Analysis),是一种从初始原因事件起,分析各环节事件"成功(正常)"或"失败(失效)"的发展变化过程,并预测各种可能结果的方法,即时序逻辑分析判断方法。应用这种方法,通过对系统各环节事件的分析,可辨识出系统的危险源。

(9) 故障树分析(FTA)

故障树分析是一种根据系统可能发生的或已经发生的事故结果,去寻找与事故发生有关的原因、条件和规律。通过这样一个过程分析,可辨识出系统中导致事故的有关危险源。比如:运用观察,询问及调查等方法可以逐一列出企业的常见危险源。案例可见第四章第 3 节 4.3.1 条款的理解部分。

上述几种危险源辨识方法从着入点和分析过程上,都有其各自特点,也有各自的适用范围或局限性。所以,企业在辨识危险源的过程中,往往使用一种方法,还不足以全面地识别其所存在的危险源,必须综合地运用两种或两种以上方法。

四、风险评价及风险控制策划

施工企业风险评价的方法很多,但每一种方法都有其一定的局限性也就是均有一定的风险。所以确定所要使用的风险评价方法,必须首先明确评价目的、对象及范围,从而保证其风险评价的可靠性。

风险评价是职业健康安全管理体系的一个关键环节。职业健康安全管理体系进行先风险评价的目的是对企业现阶段的危险源所带来的风险进行评价分级,根据评价分级结果有针对性地进行风险控制,从而取得良好的职业健康安全绩效,达到持续改进的目的。这是确定职业健康安全管理体系实施与运行中风险评价及风险控制的方法的基本原则。

风险是某一特定危险情况发生的可能性和后果的组合。风险评价的关键是围绕可能性和后果两方面来确定风险。

可容许风险是根据企业的法律义务和职业健康方针,已降至企业可接受程度的风险。企业判定风险是否可容许的标准是法规的要求和其职业健康方针的要求。

选择风险控制措施时应考虑下列因素：

(1) 如果可能，完全消除危险源或风险，如禁止没有防护措施的高空施工；

(2) 如果不可能消除，应努力降低风险，如使用低压电器；

(3) 可能情况下，使工作适合于人，如考虑现场工人的精神和体能等因素，不过多加班等；

(4) 利用技术进步，改善控制措施，将技术管理与程序控制结合起来；

(5) 要求引入计划的维护措施，如机械安全防护装置；

(6) 在其他控制方案均已考虑过后，作为最终手段，使用个人防护用品；

(7) 其他措施应急方案的需求。

应在上述原则的基础的上，企业结合具体实际情况探索其最适合的风险评价与风险控制方法。

（一）定性分析法

表 5.2-1 给出了评价风险水平和判定风险是否可容许的一种简单方法。根据估算的伤害的可能性和严重程度对风险进行分级。某些组织或许愿意开发更完善的方法，但这个方法是一个合理的起点。也可用数值取代"中度风险"、"重大风险"等术语来对风险进行描述，但应用数值并不意味着评价结果更准确。表 5.2-2 给出了简单的风险控制措施策划。

风险评价表　　　　　　　　　表 5.2-1

	轻微伤害	伤害	严重伤害
极不可能	可忽略风险	较大风险	中度风险
不可能	较大风险	中度风险	重大风险
可能	中度风险	重大风险	巨大风险

风险控制策划 表 5.2－2

风 险	措 施
可忽略的	不需采取措施且不必保留文件记录
较大的	不需要另外的控制措施,应考虑投资效果更佳的解决方案或不增加额外成本的改进措施,需要监测来确保控制措施得以维持
中度的	应努力降低风险,但应仔细测定并限定预防成本,并应在规定时间期限内实施降低风险措施 在中度风险与严重伤害后果相关的场合,必须进行进一步的评价,以更准确地确定伤害的可能性,以确定是否需要改进的控制措施
重大的	直至风险降低后才能开始工作。为降低风险有时必须配给相应的资源。当风险涉及正在进行中的工作时,就应采取应急措施
特大的	只有当风险已降低时,才能开始或继续工作。如果最大的资源投入也不能降低风险,就必须禁止工作

伤害严重度的判断,考虑如下因素:

1. 轻微伤害,如:

(1) 表面损伤;轻微的割伤和擦伤;粉尘对眼睛的刺激。

(2) 烦躁和刺激(如头痛);导致暂时性不适的疾病。

2. 伤害,如:

(1) 划伤;烧伤;脑震荡;严重扭伤;轻微骨折。

(2) 耳聋;皮炎;哮喘;与工作相关的上肢损伤;导致永久性轻微功能丧失的疾病。

3. 严重伤害,如:

(1) 截肢、严重骨折;中毒;复合伤害;致命伤害。

(2) 职业癌;其他导致寿命严重缩短的疾病;急性不治之症。

伤害可能性的判断,考虑如下因素:

1) 暴露人数;

2) 持续暴露时间和频率;

3) 供应(如电,水)中断;

4) 设备和机械部件以及安全装置失灵;

5) 暴露于恶劣气候;

6) 个体防护用品所能提供的保护及其使用率;

7) 人的不安全行为(不经意的错误或故意违反操作规程),如下述人员:

 A. 不知道危险源是什么;

 B. 可能不具备开展工作所需的必备知识、体能或技能;

 C. 低估所暴露的风险;

 D. 低估安全工作方法的实用性和有效性。

(二) 定量分析方法

定量计算每一种危险源所带来的风险可采用如下方法:

$$D = LEC$$

式中 D——风险值;

   L——发生事故的可能性大小;

   E——暴露于危险环境的频繁程度;

   C——发生事故的后果。

$D = LEC$ 方法实际上是经过了大量的数学模型的推算以后确定的方法,在目标安全工程领域具有一定的代表性。其中各种分值的确定更是一种经验与推理的结合。

事故发生的可能性大小,当用概率来表示时,绝对不可能发生的事故概率为 0;而必然发生的事故概率为 1。然而,从系统安全角度考察,绝对不发生事故是不可能的,所以人为地将发生事故可能性极小的分数定为 0.1,而必然要发生的事故的分数定为 10,介于这两种情况之间的情况指定为若干中间值,如表 5.2-3 所示。

事故发生的可能性(L)   表 5.2-3

分数值	事故发生的可能性
10	完全可以预料
6	相当可能
3	可能,但不经常

续表

分数值	事故发生的可能性
1	可能性小,完全意外
0.5	很不可能,可以设想
0.2	极不可能
0.1	实际不可能

施工作业及管理人员出现在危险环境中的时间越多,则危险性越大。规定连续出现在危险环境的情况定为10,而非常罕见地出现在危险环境中定为0.5,介于两者之间的各种情况规定若干个中间值,如表5.2-4所示。

暴露于危险环境的频繁程度(E)　　　　表5.2-4

分数值	频　繁　程　度
10	连续暴露
6	每天工作时间内暴露
3	每周一次,或偶然暴露
2	每月一次暴露
1	每年几次暴露
0.5	非常罕见地暴露

事故造成的人身伤害与财产损失变化范围很大,所以规定分数值为1~100,把需要救护的轻微伤害或较小财产损失的分数规定为1,把造成多人死亡或重大财产损失的可能性分数规定为100,其他情况的数值均为1与100之间,如表5.2-5所示。

发生事故产生的后果(C)　　　　表5.2-5

分数值	后　果
100	大灾难,许多人死亡

续表

分数值	后　果
40	灾难,数人死亡(如二人以上)
15	非常严重,一人死亡
7	严重,重伤
3	重大,致残
1	引人注目,不利于基本的安全卫生要求

在风险值 D 确定之后,关键是如何确定风险级别的界限值,在不同时期,企业应根据其具体情况来确定风险级别的界限值,以符合客观要求。表 5.2-6 内容可作为确定风险级别界限值及其相应风险控制策划的参考。

风险等级划分(D)　　　　表 5.2-6

D 值	风　险　程　度
>320	极其危险,不能继续作业
160~320	高度危险,需立即整改
70~160	显著危险,需要整改
20~70	一般危险,需要注意
>20	稍有危险,可以接受

应该指出的是,上述分值仅仅是一个参考的数值,各企业在实施时应结合自己的特点规定适宜的分值。同时施工企业运用 $D = LEC$ 法评价风险时,应特别注意相关分值的合理选择,配备有资格、有经验、有专业的人员参考评价,并与风险控制措施计划相结合,以保证风险得到有效控制。

风险控制措施计划应在实施前予以评审,应针对以下内容进行评审:

(1) 计划的控制措施是否使风险降低到可容许水平;

(2) 计划实施是否产生新的危险源；

(3) 施工过程及支持活动是否已选定了投资效果最佳的解决方案；

(4) 受影响的人员如何评价计划的预防措施的必要性和可行性；

(5) 计划的控制措施是否会被应用，风险是否较大。

第三节　职业健康安全管理体系的建立

在实际操作中，在职业健康安全管理体系标准一般要求的基础上，建立管理体系应该着重关注以下要点：

一、识别危险因素和评价风险，实施企业安全评价

事故的产生因素众多，可以简单地从以下途径中了解：

应确定典型过程/活动/服务，从中判断出那些物理的、化学的、生物的、心理生理的、行为性的及其他危险因素，明确危险因素可能产生的风险。

应该说，施工企业在长期生产过程中，为确保生产处于安全有序的状态，都形成了一些惯例或模式用来实现健康安全因素的识别评价等管理方法。在 GB/T 28001 标准里，从系统的角度指出了一个原则的方法来进行危险因素的识别和风险评价。标准中明确指出：这个方法要适合组织的具体规模、工艺情况；与组织的实际操作惯例、现有风险控制能力相适应；应能为对设备、培训的要求和确定运行控制的改进以及建立合适的监控方法提供依据。这是在建立 GB/T 28001 体系时必须优先考虑的，只有综合考虑企业的管理、工艺、操作、设备、人员培训、监控多方面要素的水平，针对施工特点采用科学的识别评价方法，才能确定出准确的"不可接受风险"，为控制消除避免其发生事故打下良好的基础。

在风险评价的基础上，针对施工企业生产经营活动的安全现状进行安全评价，查找其存在的特性，提出合理可行的安全对策措

施及建议实施安全现状综合评价、专项安全评价。

二、确定健康安全法律法规要求

GB/T 28001标准里,在4.2"职业健康安全方针",4.3.2"法规和其他要求",4.3.3"目标"以及4.5.1"绩效测量和监视"中都明确提出了法律法规方面的要求,因此,在建立职业健康安全管理体系时,必须明确适用于企业的健康安全法律法规体系。我们国家目前的法律体系如下:

1. 宪法中有关劳动保护的基本内容,刑法中违反劳动法律法规的刑事责任的规定;
2. 劳动保护基本法(中华人民共和国劳动法);
3. 劳动保护专项法(特定生产领域、特定保护对象);
4. 劳动保护相关法(社会生活领域中有关劳动保护的规定);
5. 劳动保护的国家及地方性的行政法规、规章、标准等;
6. 国际公约(我国加入了四项国际公约)及其他要求。

将适宜的法律法规及其他要求确定以后,还应由主管部门分析条款的实施途径,并由责任部门通过措施方案等予以落实。

三、实施信息咨询和交流,保证管理信息的通畅

员工参与咨询或交流的内容应包括:用来进行风险管理的方针、程序的制定和评审,影响工作场所健康安全状况的变化所在,健康安全事务代表和管理者代表人选及范围。特别是对信息进行分析,并确保及时传递到位。

四、系统策划、有效实施确保运行控制

除了与不可接受风险有关的运行与活动应得到有效控制外,一方面应把供方及合同方的风险通过沟通进行管理,另一方面为从源头上消除或减少风险,在以下过程应建立并保持作业程序:有关工作区的设计,加工,安装,机械设备,操作程序和工作组织(安全方面)以及它们的规定对人员能力的适应情况。

五、从预防风险着眼,推进测量和监测

根据标准的规定,采用定量或定性的监测应与组织的需要相适应,企业应主动进行组织表现与管理方案、操作标准和适用法律法规要求的符合性监测;对事故、事件、职业病等其他不良情况进行被动的/反应性的监测。

六、综合考虑,系统运作,确保管理体系的建立与认证

开展贯彻 GB/T 28001 标准的工作途径,就企业层面而言,与开展 ISO 9000、ISO 14000 体系的工作大体类似。

建立职业健康安全管理体系,应严格地按照标准来构筑,其推进者可以是企业内部的有资格人士,也可以是企业聘请的社会上的专业人士(中介组织),以技术咨询服务的方式参与。但从本质上而言,这要依靠企业自身的努力。

在这个过程中,首先是要对企业的职业安全生产的情况做出全面的评估,这种做法也包括了把企业原来的行之有效的职业健康安全管理及措施的成果,纳入到体系中来。

对于企业所建立的职业健康安全管理体系的有效性的认证工作,则必须要由经过国家认证监督认可委员会认可的认证机构来完成。

正如前面所叙,贯彻 GB/T 28001 将是一项能给企业带来相当可观的正面回报的重要工作,所以也是一项知识、技术密集,具有高度挑战性的工作,其咨询和认证工作,理所当然地受到社会上普遍的关注和尊重。

OSHMS 工作,是继 ISO 9000 及 ISO 14000 系列技术服务工作系统之后,又一项新的内容,对这三方面工作的统一、完整地考虑,不仅使认证及咨询工作效率大为提高,保证了三个体系各自目标的实现,而且还为企业的整体形象和效益及运行机制的改善,提供了持续发展的动力。

七、应注意 GB/T 28001 和 ISO 14001 的运行区别

虽然 ISO 14001 和 GB/T 28001 标准有诸多相同之处,而且无论在理论还是在实际中,环境和健康安全管理体系也多互相融合,但是从环境管理体系到建立完善的健康安全管理体系并不能完全照搬过来,有些细节甚至是完全不同,在操作中应注意它们两者之间的区别。

1. GB/T 28001 控制的方向是"组织的范围内"。无论活动常规或非常规、设备自供或外供、员工或访客,范围所及,无所不包。ISO 14001 控制的是组织对外部存在的影响。

2. GB/T 28001 控制的对象是"不可接受风险"。那些从健康安全法律、法规要求以及组织方针角度衡量,超出组织所能忍受水平的风险是控制的重点。ISO 14001 控制的对象是重要环境因素及其相关影响。

3. GB/T 28001 更强调人的意识与胜任。特别是人与人之间的相互影响。危险源和风险因素的构成很大程度上是"人失误"造成的,人不但要非常明确地意识到风险所在,还应始终保持一种正常的心态,能够排除可能的心理生理因素所造成的操作失误。

4. GB/T 28001 提出了对设备设施的安全要求。危险源及其风险因素的一个组成是"能量、有害物质失控"和"设备故障",这是在建立体系时必须予以考虑的。ISO 14001 则更关注设备设施的环境影响。

5. GB/T 28001 更强调沟通与咨询。特别是和培训一样重要的是通过有效的咨询、交流,才能实现"避免失误—失误情况下无害化—事故状态下减少损失"的处理原理。

6. GB/T 28001 应急准备和响应的对象是所有风险所造成的疾病和伤害,而不仅仅是不可接受风险所带来的结果。ISO 14001 则比较关注已识别的具有重要影响的环境因素的应急准备与响应。

以上所列为企业在进行职业健康安全管理体系建立时所必须

考虑与注意的,也是兼容体系的关键所在。需要说明的是,不同的企业所面临的实际情况千差万别,应选择合适的方法去满足标准的要求和达到企业的健康安全方针目标,这样才能建立有效的职业健康安全管理体系,持续改进职业健康安全表现。

第四节 职业健康安全管理体系文件的编制与运行

一、文件编制的基础要求

GB/T 28001 标准要求企业的职业健康安全管理应是一种文件化管理。文件的基础作用有三项:一是沟通和培训员工的作用;二是统一行动的作用;三是确定和保证目标实现的作用。文件的作用显然是很重要的,因此企业职业健康安全管理的效果与所编制的职业健康安全体系文件的质量是密切相关的。

由于职业健康安全体系文件是由多种层次和多种文件构成,因此,建筑施工企业在编制职业健康安全管理体系文件时应满足或考虑以下问题:

1. 系统性要求

体系文件应反映一个组织职业健康安全管理体系的系统特征,应对施工活动全过程影响职业健康安全的技术、管理和人员等因素的控制作出规定。体系文件的各个层次间、文件与文件之间应做到层次清楚、接口明确、结构合理、协调有序,要素或内容选择恰当。要做到以上各点,在策划编制职业健康安全管理体系文件时,应从一个组织职业健康安全管理体系的整体出发,所有文件都应在统一的指导思想、统一规划、统一步骤下进行。

2. 法规性要求

体系文件是一个组织实施职业健康安全保证活动的行为准则。体系文件应在总体上遵循 GB/T 28001 标准要求,以及国家或上级的有关法规的要求,同时,也应结合本企业的特点。对企业内部来说体系文件是必须执行的法规文件。

3. 价值性要求

职业健康安全体系文件的编制是一个过程,这个过程是一个动态的高增值的转换活动。职业健康安全体系文件将随着职业健康安全体系的不断改进而完善,而这种动态的"增值性"作用对职业健康安全体系的影响也将越来越显著。

4. 见证性要求

体系文件可作为客观证据(适用性证据和有效性证据)向顾客、向第三方证实本组织职业健康安全体系的运行情况。

例如:对审核来说,职业健康安全体系程序文件可作为下列方面的客观证据:

(1) 过程活动已被确定;
(2) 运作程序已被批准;
(3) 程序处于更改控制之中。

只有在这种情况下,内部或外部审核才能对布置和实施两者的适宜性提供一个有意义的评价。

5. 适宜性要求

职业健康安全体系文件应根据工程产品特点、组织规模、职业健康安全活动的具体性质采取不同形式。而职业健康安全体系文件的适宜性和协调性在很大程度上取决于人员的素质和技能,以及培训程度的有机结合。在任何情况下,都应寻求体系文件的详略程度与人员的素质、技能和培训等因素相适宜,以使体系文件保持一个合理水平,从而便于有效贯彻。

6. 继承性要求

编制职业健康安全体系文件并非将企业原有文件一律推翻重编。在推行管理切实有效的企业,原有文件只要符合标准要求都可继续使用。继承是保证体系运行持续有效,新老体系稳步交替的基础。

二、文件编制的准备工作

1. 组织和协调是文件编制的基础

文件的内部法规作用和对外保证作用是以企业领导人的名义起作用的。因此企业领导必须重视和领导这项工作。根据企业建立职业健康安全管理体系的难易程序确定企业主要领导人是否亲自主持这项工作。也可以授权管理者代表(企业副职兼任)或总工程师主持,但主要领导人必须最终加以审定。

2. 配置编制人员是文件编制的条件

编写人员应具备安全意识强、熟悉企业职业健康安全管理现状、熟悉标准、善于协调工作、文字表达能力较强等条件。由编制人员组成工作小组,小组的素质优劣是编好文件的重要条件。

编写人员必须是参加职业健康安全体系建立全过程的工作小组成员,否则难以完成编写任务。

以下是文件编写的主要准备工作:

(1) 资料收集与分析

由各编写人员按分工和专业进行收集。收集内容如下:现有职业健康安全管理及其他管理工作规定、岗位职责、职业健康安全手册(如有时)、各类记录(清单)、各类技术文件(清单)、工作标准、各种管理制度等。

收集各项资料后应组织编写人员进行分析消化,其重点内容包括:与职业健康安全体系相关的文件纳入管理渠道,废除可操作性不强及过分形式化的文件,保留可用的文件或可用的部分。

(2) 职业健康安全活动分析

由文件编写组长组织文件编写所需的安全活动分析。主要工作是:确定必须开展的职业健康安全活动,按所选定的必须开展的活动,确定各项职业健康安全活动的主要职能部门,明确与职业健康安全活动相关的部门。在此基础上,由编写人员进行活动分析,以构画出活动的粗线条。包括简单勾划出现有各项活动的流程、分析活动的合理性、分析不足、补充完善等。

(3) 确定体系文件设置方案

活动分析后,应根据分析的结果,确定职业健康安全体系文件的设置方案。

1) 按选择的框架设置体系程序。包括:根据要素的要求展开职业健康安全活动,以及根据职业健康安全活动设置职业健康安全体系的程序。

2) 程序的设置原则。要考虑职业健康安全活动的必要性,考虑各项活动的关联程度,一个程序对应一个逻辑上相独立的职业健康安全活动。

(4) 完善职能、确定职权

完善职能是编写文件的重要基础性工作,要从诸方面开展工作:

一是明确职业健康安全体系要素涉及的职业健康安全活动的职能部门,根据活动的范围明确或补充欠缺职能;

二是由文件编写小组负责提出职责及权限的方案,以便在手册和程序文件中落实有关部门的职责和权限。具体内容有:明确各部门在职业健康安全活动中承担的职责,明确该职责所应有的权限,明确各相关接口部门的职责和权限等。

三、组织编写过程

1. 组织准备

由文件编写小组负责组织准备工作。包括:明确负责组织编写程序文件及协调各部门接口工作的责任部门或人员;抽调熟悉各项健康安全活动及风险的人员参与文件编写,将有关资料收集备用。

同时对人员培训进行全面、深入的培训。即:对将要参加程序文件编写的人员进行 GB/T 28001 基本知识培训;进行有关职业健康安全管理体系文件编写知识的培训;其他有关的业务培训。

2. 拟制程序文件清单

确定必须开展的职业健康安全管理活动。根据职业健康安全管理体系要素的要求确定活动,按逻辑上独立的概念划分职业健康安全管理活动,确定每项独立的活动的主要职能部门及相关部门。

拟制程序文件清单。考虑开展职业健康安全管理活动所使用的工作方法的需要,考虑操作技能的需要,人员培训方面的情况,列出必须开展的活动,将所有这些职业健康安全管理活动按逻辑上独立的原则列出程序文件名称(清单)。

3. 制定"文件编写纲要(指导书)"

文件格式与风格的统一。由责任部门选择用于本企业的体系文件格式,确定编写程序文件的风格,制定编写纲要。编写纲要的内容:规定本公司体系文件的格式,规定文件编写的风格,规定使用的统一术语、名称、代码、缩略语等,规定程序文件的编写方式,规定程序文件的编写规则,说明应注意的其他事项。

4. 制定编写计划

由编写小组负责人确定程序文件的主要责任者。确定各程序的主要职能部门,确定编写该程序的主要责任者,由主要责任者或其他熟悉该项活动的人作为文件起草者。

同时由文件编写负责人制定编写计划,内容有:制定编写计划表、规定各程序文件的编写人、规定编写进度及完成日期、规定负责监督计划执行的人员、规定进行初审、讨论等预计日期。

四、文件编写框架

职业健康安全体系文件原则上可以不分层次,但以施工企业的特点及需求出发,本书仍然建议施工企业应保持体系文件的层次性,不同层次由不同的授权者进行文件的控制,以提高工作效率。

职业健康安全体系文件的层次可以分为以下几个层次,见图 5.4-1。

文件框架中:手册是纲领性文件,是以 GB/T 28001 标准为依据的纲领性文件,决定和指导以下层次文件的编写和动作;程序文件是针对某一特定过程而细化的操作性文件;作业指导书是针对某类风险而编制的一般性控制文件;管理方案则是针对特定条件下某一风险而编制的特殊文件。必要时,还可将安全管理方案的内容细化成交底进行实施。安全技术交底是将以上各层次文件进行员工工作和运行活动的最直接的作业规定文件。上述各层次文件彼此呼应、相互匹配,针对不同的风险进行系统预控,从而从体系上保证职业健康安全管理体系的运作效果。

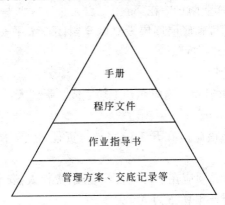

图 5.4-1 职业健康安全体系文件层次图

以上文件中职业健康安全管理方案或安全交底是最直接的操作性文件,详见后面编写事例。程序、手册的清单和案例在本书后半部分分别列出。这里应指出的是职业健康安全管理方案与现有的安全技术交底有相应之处,但更有针对性。应该尽量把这二者统一起来。

(一) 管理方案编写

事例:脚手架搭设及防护安全管理方案

1. 职业健康安全目标:脚手架搭设过程伤亡事故率为 0。
2. 主要技术方案及技术措施

(1) 架子工及相关作业人员的职责及资格执行公司脚手架安全防护作业指导书的规定。

(2) 有关架管、扣件、安全带、安全网的采购和配置必须采购×××公司生产的"××"牌和"×××"商标的产品,不得采购和使用其他品牌的防护用品。

（3）现场平面及安全网搭设方案执行"×××"专项措施文件及公司《脚手架安全防护作业指导书》。

（4）落地式钢管脚手架、井字架的搭设采取公司作业指导书中的"A"级防护规定的措施。

（5）高处作业防护中在2m施工点无法支搭水平安全网的，应以最高层(19层)到底层逐层设立网全封闭。水平安全网须待高处作业完成后方可拆除。

3．实施计划

（1）(1)和(2)项措施应在开工前完成。责任人：项目经理×××。

（2）(3)项措施应在开工前完成。责任人：技术负责人×××。

（3）(4)、(5)项应在×月×日前完成，责任人：安全员×××。

4．项目财务预算：5万元

5．编制人：××× 审批人：××× 日期：×年×月×日

（二）应急预案编写事例

高空坠落应急预案事例：

1．职业健康安全目标：及时进行应急，最大限度减少人员伤亡。

2．主要准备措施

（1）项目技术负责人按照现场安全管理总要求配备药箱二个，报警电话1部，备用面包车一台。

（2）培训应急人员10人，确保每班组一名经过培训的兼职人员，时间××年×月×日1天。

（3）培训全体现场员工，了解自救常识(××月××日半天，时间××年)。

3．主要应急措施

（1）高空坠落发生后发现人员应立即移走周围可能继续产生危险的坠落物、障碍物，同时及时报警，电话"120"。

（2）为急救医生留出通道，使其尽可能最快到达伤员处。

(3) 抢救人员应对伤员进行识别,不可急速移动或摇动伤员身体。应组织人员平托住伤员身体,缓慢将其放至于平坦的地面上;若发现伤员呼吸障碍,应进行口对口人工呼吸。

(4) 若发现伤员出血,应迅速采取止血措施,可在伤口近心端结扎,但应每半小时松开一次,避免坏死。动脉出血应用指压大脚根部股动脉止血。

4. 有关信息

距本地最近的综合医院××,位于××路××号,电话×××××。专科医院××××位于××路××号,电话××××××。应急人员应在××月以前进行实地考察,以熟悉相关应急准备工作。

5. 职责(略)

编制人:××× 审拟人:×××

××年×月×日

(三) 安全交底编写事例

架子工安全保护安全交底事例:

目标:所有架子工高处作业均配备相关安全带,安全帽及安全网,确保安全事故为0。

时间:××年××月×日~××年××月×日 脚手架搭施工期间。

措施和方法:

1. 安全员负责将现场配置的安全带、安全网、安全帽进行验证,确保其可靠性。时间:每天施工前。

2. 班组长在每天施工前,负责将所有架子工的安全带、安全网的配戴情况进行检查。时间:施工全过程。

3. 各班组按照技术交底要求进行脚手架的施工,不得随意颠倒顺序,违章作业。

4. 每层的拉结点应每隔 5 米设置一个,工长应每天上午、下午进行巡视,五层楼以上脚手架搭设过程由安全员进行旁站,监视所有安全防护措施的实施情况。

5. 三层楼以上设外挑防护网,由安全员负责对其可靠性进行检查和验收。时间:××年××月××日~××月××日。

6. 在Ⅳ~Ⅶ区域的脚手架搭设过程的安全防护网执行××××安全规程的要求,但应注意防护网上架体连接的可靠性。

交底人:×××　　　　　　被交底人:×××

日期:××年××月××日

第五节　职业健康安全管理体系认证注册

一、职业健康安全管理体系认证的实施过程

职业健康安全管理体系认证的步骤是体现在其实施过程中的。根据 ISO/IEC 指南及有关国家认证方面的法规,职业健康安全体系认证的实施包括以下过程。

(一) 申请

企业按注册认证机构规定的格式向注册认证机构提出书面申请,在提交的申请文件中包括:

(1) 职业健康安全手册或程序文件。描述企业申请注册的职业健康安全管理体系满足了相应职业健康安全管理体系标准(GB/T 28001—2001)的要求,以及有关补充文件的要求(必要时);

(2) 职业健康安全管理体系认证的覆盖范围。

注册认证机构收到企业的申请书和必要的文件后,经初审决定是否受理,并通知企业。

(二) 评定

评定过程总体上可分为两个步骤:职业健康安全管理体系审核和注册的审批。

1. 职业健康安全管理体系审核

按照国家有关部门规定,职业健康安全管理体系的认证审核分为二个阶段,第一阶段以体系策划及设计的合理性为主,以判断第二阶段审核的可行性。第二阶段则以运行控制为主,以判断能

否进行认证注册。

由审核组负责实施职业健康安全管理体系审核,包括:

审查企业职业健康安全管理手册等文件,确认文件描述的企业职业健康安全管理体系是否符合相应的体系标准及有关补充文件(存在时)的要求。

实施审核,通过在企业和现场实物观察、人员面谈、文件和记录审查,证实企业相应产品有关的职业健康安全管理体系与相应职业健康安全管理体系标准的符合性,各项安全活动是否按规定处于有效的控制状态,但不对相应产品与各规定要求的符合性进行专门核对或检验;在此条件下提交审核报告。

2. 注册的审批

注册认证机构根据审核组提交的审核报告及其他有关的信息,决定是否批准注册。

(三) 注册发证

注册认证机构向获准注册的企业颁发注册证书,并将企业有关的信息列入注册名录予以公布,注册名录通常包括:企业名称、地址、注册依据的职业健康安全管理体系标准、覆盖的产品(或业务范围)等。

通常注册认证机构将准许获准注册的企业使用其专有的标志作宣传,但规定不得直接用于产品上,也不提供其他可能误解为安全合格的方式使用。

(四) 监督

注册认证机构对企业职业健康安全管理体系实施定期监督审核,确认企业职业健康安全管理体系持续符合规定的要求,各项职业健康安全管理活动仍得到有效控制。

二、职业健康安全管理体系认证的实施特点

职业健康安全管理体系认证与其他管理体系认证过程基本一样,但同时也有自己的特点。

(一) 申请

企业按认证机构规定的格式向认证机构提出书面申请,应按认证机构和相应活动认证的具体规则,确定的具体区域提出申请。在提交的申请文件中,包括企业评定调查表,该表涉及与企业认证有关的危险源、风险评估结果及职业健康绩效等;申请认证的体系覆盖区域说明等。

(二) 检查和验证

认证机构通过对申请方职业健康安全管理体系实施检查或验证,确认是否达到规定的认证条件。

1. 第一阶段审核

本阶段审核的目的是通过对体系策划和重点要素的检查,判断能否进行第二阶段审核。审核的结果不作为对体系有效性进行判断的最终依据,重点在体系策划的合理性方面进行判断。

2. 第二阶段审核

本阶段审核是在第一阶段审核的基础上进行的。重点在于对体系运行的效果及符合性上进行判断,本阶段将对受审核方体系的有效性作出结论。

(三) 批准发证

认证机构确认申请方达到全部认证条件后,批准认证,并向申请方颁发合格证书,授予申请方对相应体系使用专有合格标志的资格。

(四) 监督

认证机构根据有关标准对企业的职业健康安全管理体系进行监督检验,每年一次。根据认证计划的具体规则对职业健康安全管理体系实施监督检查。

(五) 认证工作流程图(图 5.5-1)

三、我国职业健康安全管理体系认证制度

职业健康安全管理体系认证是为了适应我国市场经济发展的需要,促进市场的公平竞争,特别是打破国际市场的技术方面的贸

易壁垒,提高企业的管理水平。职业健康安全体系认证制度作为规范企业市场和管理行为的一种重要手段,其作用是十分明显的。

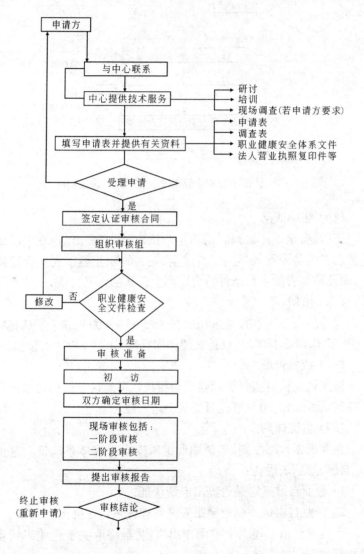

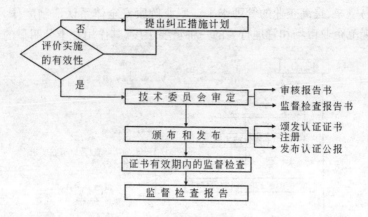

图 5.5-1 认证中心职业健康安全管理体系认证程序图

(一) 法律依据

我国《安全生产法》和《清洁生产法》中明确提出,企业应以保护劳动者权益为重,建立客观、健全、完善的职业健康安全管理体系,保证劳动者的生产条件符合国际上公认的水平层次。

(二) 依据

世界各主要国家普遍采用的是 OHSAS 18000 标准(含 OHSAS 18001 和 OHSAS 18002),也是我国国家标准 GB/T 28001 的依据。

(三) 统一管理

国家认证认可监督管理委员会授权认可的认证机构可以进行相应的认证工作,由认可监督委员会进行统一管理。

(四) 自愿原则

企业根据自愿原则,申请职业健康安全管理体系认证。这里的"自愿原则"表现在:

1) 企业自己确定是否提出申请认证;

2) 企业自由选择职业健康安全管理体系认证机构。

企业自己从上述二个方面作出决定,最终取决于企业市场竞争和管理工作的需要。

第六章 施工企业职业健康安全管理体系循环运作要点

职业健康安全管理体系的运作是一个 PDCA 的循环活动,其特点是与施工行业的特点密不可分的。

第一节 策划

一、职业健康安全管理体系的运行总要求

施工企业职业健康安全管理体系运行策划总要求:

1. 应根据施工企业(分公司、项目经理部、区域性分公司)层次及相关产品的要求,识别其职业健康安全管理体系所有的危险源是否完整,其重要危险源及其风险是否到位。

2. 各类企业应分析相应危险源、风险及其控制或运作准则,程序、作业指导书,职业健康安全管理方案等的适宜性和有效性,并对相应的活动进行验证。

3. 各企业以危险源、风险评价的识别和分析入手,应针对建筑行业的运作特点,确保其整个体系的运作活动的系统性、适宜性及有效性。

4. 应动态把握企业的安全控制能力,包括资源提供、人员流动控制、要素监视及测量能力、事故、事件、不符合的控制及纠正能力。

5. 应对职业健康安全改进及保证体系符合性的管理能力做出判断,并综合分析企业持续改进的水平和能力。

6. 企业应针对危险源和风险进行识别和评估,识别应完整,各个重大危险源及风险的控制运作应协调。

7. 施工企业应急准备与响应的能力及效果应满足标准要求。

8．对每个具体的职业健康安全活动的策划设计应特别注意对新出现风险的评估,其具体运作步骤应符合职业健康安全管理体系要求。

二、建立职业健康安全方针

施工企业应根据自身的特点及追求的方向,建立适合企业的职业健康安全方针:

1．职业健康安全方针应由企业最高管理者主持制定,其内涵应符合三个承诺一个框架的要求。

2．方针的制定依据应可靠,且与企业的实际相适应。

3．员工应理解职业健康安全方针,并自觉地执行方针的要求。

4．职业健康安全方针应及时进行评审和改进。

5．方针与目标应一致。

6．安全方针实现的结果及相关方的满意程度应彼此相适应。

7．安全方针应可为公众所获取,包括印刷文件、黑板报、标语、宣传栏及媒体等。

8．管理评审之前,各项目工地应把自己的工作总结或工作评审及时上报企业,各管理部门应把自己的工作总结及时传递给主管部门,以作为管理评审的输入条件。

9．管理评审报告应包括对职业健康安全方针的评价。

三、科学运作危险源辨识、风险评价及风险控制的策划活动

施工企业应科学运作"危险源辨识、风险评价和风险控制的策划"工作,抓好职业健康安全管理的龙头工作:

1．施工企业应在每年都进行危险源辨识、风险评价和风险控制策划,并在公司的管理体系中建立危险源辨识、风险评价和风险控制的程序。

(1)企业规定阐明程序的内容应满足规定要求,包括危险源

辨识、风险评价和风险控制更新的要求。从物体打击、机械伤害、起重伤害、触电、火灾、高空坠落、火药爆炸、坍塌、瓦斯爆炸、中毒和窒息、锅炉及压力容器爆炸等危险源中予以重点关注,并识别及风险评估的运作情况。文件可以规定自下而上的评审程序,包括施工现场评审,识别风险后,再由公司有关部门进行审核或评估。

(2) 各层次危险源辨识的频次和内容,及范围、性质和时限应根据企业的特点对危险源进行识别,并且考虑施工活动、施工人员、设施以及正常、非正常状态等。

(3) 企业风险评价的方法应是适宜的,通过目标、指标和管理方案措施加以控制的风险,确定是否合理。评估方法应该因地制宜,一般以定性分析和定量打分结合运行为宜。项目经理部应评价并传递危险源及风险信息至公司管理层,以便公司进行监督管理。

(4) 企业应对危险源进行动态管理,更新的清单应得到确认。

(5) 企业应对危险源辨识、风险评价和风险控制活动进行监视,以确保其及时有效实施。对风险评价方法动态评价应及时完善。

(6) 风险控制措施的效果,应与策划内容相对比分析。若风险控制措施策划发生变更,则应跟踪相应的策划内容及其依据,并判断是否会产生新的危险源及风险。

(7) 企业各层次的危险源及风险识别的结果可以是不一样的,重在不同环境和条件的客观分析和识别,只要需要控制,就应进行风险识别和策划。

2. 施工企业应将危险源辨识、风险评价和风险控制过程作为一项主动性活动而不是被动性活动,核心突出风险预防的思想。

企业应在引入新的或修改的活动或程序之前进行危险源辨识、风险评价和风险控制过程,如施工新工艺、新材料等会引起新的危险源及风险。

企业应在新的或转岗的员工上岗之前根据危险源辨识、风险评价和风险控制所识别的培训需求对他们进行相应的岗位培训。

比如起重工、防腐工、电工、机械工、架子工等。

企业密切关注有关施工活动的危险源和风险评价的新知识、新技术的发展状况,一旦需要和适宜,就可引入这些新知识和技术,并重新评估所有已进行的危险源辨识、风险评价和风险控制过程,甚至有的可能需要重新策划危险辨识、风险评价和风险控制。如施工安全防护网等新技术的引入等。

企业需不断地关注有关施工过程职业健康安全法规的发展状况,使企业的危险源辨识、风险评价和风险控制不断满足职业健康安全法规的要求,例如:施工现场的可容许风险水平可能会因为职业健康安全法规的要求变得更高更严格而需要调整。

对已识别的任何必要的风险降低和控制措施应在危险情况发生之前得到实施,而不是在危险情况发生之后作为事故处理的补救措施而实施。如为防止高空坠落,应及时确保人员安全带、安全帽的配备及安全网的支护。

流动性大的建筑企业应及时更新有关危险源辨识、风险评价和风险控制的文件、资料和记录,并在新工地开工之前以及在采用新的危险源和风险评价知识及技术之前,在实施新的或变化的职业健康安全法规和其他要求之前,将这些文件、资料和记录予以扩充以涵盖这些活动。

3. 对危险源辨识、风险评价和风险控制的策划需要企业内每个员工的共同参与。

4. 对于危险源很有限的小建筑企业来说,不一定都必须进行复杂的危险源辨识、风险评价和风险控制活动。重点在于与企业的安全管理需求相一致。

5. 在对危险源辨识、风险评价和风险控制的策划时,施工企业应注意:

(1) 与已识别的危险源相关的风险水平应进行客观表示,无论其是否为可容许风险。

(2) 监视和控制风险的措施应客观描述,尤其是不可容许的风险,识别应客观描述。

如可行,实施有关降低已识别风险的职业健康安全措施,以及降低过程中监视其进行的任何跟踪活动。

(3) 实施控制措施的能力和培训需求的识别,及时配备合格的人力资源。

6. 企业即使已拥有控制某特殊危险任务的书面程序,如施工物体打击管理程序,也还必须对该运行持续执行危险源辨识、风险评价和风险控制。

7. 危险源辨识、风险评价和风险控制的过程不仅适用于装置和程序的"正常"运行,而且还适用于周期性或临时性的运行(程序),如塔吊清洗和维护,或适用于塔吊启动或关停期间。企业考虑危险源辨识、风险评价和风险控制过程的策划,既要考虑执行这三个过程所需的成本和时间,又要考虑可以利用的可靠资料和信息,如为法规或其他目的已获得的信息。

8. 企业在运作危险源辨识、风险评价和风险控制过程时,包括以下几方面:

(1) 危险源辨识、风险评价和风险控制所采用的形式的性质、时限、范围和方法。

(2) 适用的职业健康安全法规和其他要求。

(3) 负责执行危险源辨识、风险评价和风险控制过程的人员的作用和权限。

(4) 将要执行危险源辨识、风险评价和风险控制过程的人员的能力要求和培训需求。必要时可根据所用过程的性质和类型使用外部咨询或服务。

(5) 有关员工参与职业健康安全协商、评审和改进活动的信息。

(6) 如何考虑管理和施工过程内人为错误所带来的风险。

(7) 原材料、装置或设备包括保险带、安全网等的过期、老化所带来的危险源,尤其是对其进行储存。

9. 施工企业应将危险源辨识、风险评价和风险控制的过程形成文件,并包含以下要素:

(1) 危险源的识别。主要有：高空坠落、物体打击、机械(含车辆)伤害、起重伤害、触电、火灾、坍塌、透水、冒顶片帮、火药爆炸、瓦斯爆炸、锅炉及压力容器爆炸、中毒、窒息等。

(2) 风险的现有(或拟定)控制措施的适宜性评价，即对暴露在特定危险中、控制措施失败的可能性、伤害或损坏的潜在后果的严重性进行评价。

(3) 残余风险的可容许性评价，以及风险控制措施是否足以将风险降至可容许程度的评价。

(4) 任何所需附加风险控制措施的识别。

10. 评价方法可以采用询问交谈、现场观察、查阅有关记录获取外部信息、进行工作任务分析等。具体操作方式可以用安全检查表，危险与操作性研究，$D = LEC$ 方法及专家评估法等。

11. 施工企业危险源辨识、风险评价和风险控制过程的实际情况可以从以下几方面评价其绩效：

(1) 是否有明确的证据表明，任何必要的纠正或预防措施在实施过程中自始至终得到了监视(可能要求执行进一步的危险辨识和风险评价，以反映对拟定的风险控制措施的修改和对残余风险的重新评价)；

(2) 是否向企业经理或项目经理提供了有关纠正或预防措施完成结果和进展的反馈(作为管理评审和修改或制定新的职业健康安全目标的输入)；

(3) 执行特定危险任务的(如高空作业、爆破、拆除等)人员的能力是否满足风险评价过程中所规定的风险控制要求；

(4) 近期施工运行经验的反馈是否用于改进过程或用于修改所依据的资料数据(如果合适的话)。

12. 对危险源辨识、风险评价和风险控制过程的评审，企业需按施工行业的特点进行实施。可采取自下而上或自上而下相结合的方式进行运作。公司的重大危险源清单是企业的基础要求，而各项目工地可以结合需求补充自己的重要危险源清单。具体评审内容和周期可能有所不同，主要取决于以下几方面：

(1) 危险源的性质;

(2) 风险的大小;

(3) 正常运行的改变;

(4) 原材料和施工条件等的改变。

13. 当施工企业内产生了以下一种或几种变化因素,而这些变化因素使得现有评价的有效性产生了怀疑,则还需进行评审:

(1) 施工规模发生扩大、缩小、限制;

(2) 重新分配职责;

(3) 施工方法或行为模式改变;

(4) 常规和非常规活动;

(5) 所有接近工作场所的人员(包括分承包方和参观访问者)的活动;

(6) 工作场所的设施,无论是企业提供还是他人提供的。

14. 施工阶段危险源识别的重点部位:

(1) 基础施工阶段

1) 挖土机械作业安全;

2) 边坡防护安全;

3) 降水设备与临时用电安全;

4) 防水施工时的防火、防毒;

5) 人工挖扩大孔桩安全。

(2) 结构施工阶段

1) 临时用电安全;

2) 内外架及洞口防护;

3) 作业面交叉施工及临边防护;

4) 大模板和现场堆料防倒塌;

5) 机械设备的使用安全。

(3) 装修阶段

1) 室内多工种、多工序的立体交叉施工安全防护;

2) 外墙面装饰防坠落;

3) 做防水油漆的防火、防毒;

4）临时用电、照明及电动工具的使用安全。
(4) 季节性施工
1）雨季防触电、防雷击、防沉陷坍塌、防台风；
2）高温季节防中暑、防中毒、防疲劳作业；
3）冬期施工防冻、防滑、防火、防煤气中毒、防大风雪、防大雾。

四、有关法律法规要求的运作

施工企业应做好有关法律法规要求的收集和运用工作，奠定企业职业健康安全的基础条件：

1．企业应有用于收集法律、法规、方针、相关方要求等项管理的程序。可以不是书面程序，但必须有相关的活动规定。

2．企业每年应制定法规清单，动态管理并确定收集法规的渠道，以便满足安全管理的要求。

3．企业有关重要文件（目标、管理方案、程序规定等）应充分满足安全管理的要求。

4．企业对新的法规要求应进行评审并识别相应的危险源、评价相应的风险，并及时进行相应的信息传递。

5．企业各部门以及相关方有关的法规及其他要求的识别应具备相应的适宜性。特别是如何将适宜的条款进行实施的途径，应予以明确。

6．运行采取适宜的方式将有关的法律法规及其他要求传递给员工和相关方。

五、分析并确立职业健康控制目标

施工企业应分析并确立职业健康控制目标，以明确管理活动的控制环节。

1．企业应有文件化的职业健康安全目标，安全目标应考虑法律、法规等要求，危险源及相应的风险，应是可操作，可实现的。

2．企业的目标应体现相关方（如员工、政府及社区等）要求和持续改进的思想;且应有相应的数据分析或记录加以证实。

3. 企业目标和安全方针应无矛盾,且与施工过程相适宜;实施目标的技术方案应可行,财务资源应能得到保证。

4. 项目经理部的目标及指标内容及其与法规要求应是一致的。

5. 目标的分解过程及实施途径:应在有关部门和层次建立和分解目标,分解目标应针对可以独立采取措施的危险源而制定。

6. 企业应建立目标的实施效果和评价记录,以证实目标指标的实施与管理方案、运行程序的协调情况。

7. 公司目标可以年度计划的方式予以公布和实施,项目或部门目标可以管理方案或专项文件的形式予以公布和实施。

六、编制并实施管理方案

施工企业应编制并实施职业健康安全管理方案,以有效控制各类风险:

1. 施工企业应建立管理方案的清单,并将重要危险源及风险进行内部沟通。

2. 企业管理方案应具备施工过程的适宜性,特别是与施工承包方的接口。应体现可能情况下消除风险,或一般情况下降低风险的基本要求。管理方案应能够使有关风险得到有效控制。

3. 企业管理方案的内容包括时间表、职责、目标、措施资源等应符合规定要求,施工中的安全管理方法应是适宜的,应了解其职业健康安全方案的可行性。

4. 安全管理方案的实施渠道应确保实践效果,重点包括塔吊、龙门架与井字架,施工用电,"三宝"及"四口"防护,外脚手架及职业病的管理控制运作。

5. 安全特种过程作业应有相应的安全技术措施与管理方案相协调,包括:爆破安全技术、起重吊装安全技术、脚手架安全技术、高空作业、主体交叉安全技术、焊割安全技术、拆除安全技术、烟囱及筒仓安全技术等。

6. 安全管理方案的审批、评审及变更过程应符合文件管理的规定。

7. 有关管理部门及项目部应重点做好以下运行工作：

(1) 审查施工图纸，包括施工图作业规定的齐全性、符合性、一致性及对职业健康安全的影响；

(2) 原始资料调查分析，调查气象、地形、工程地质和水文地质等自然条件对施工安全控制的影响等；

(3) 编制施工图预算和施工预算及与安全管理费用的预算；

(4) 识别危险源进行风险评估，并建立重大危险源清单和风险评价记录；

(5) 编制安全管理方案，包括确定采用职业健康安全目标、安全工艺技术，确定符合安全施工特性的设备和测试试验仪器的配备计划，制定安全检查计划和检查指导文件，制定能源、防护设施、职业病预防和安全控制计划等。

第二节 实施与运行

一、完善组织结构和职责

施工企业应完善组织结构与职责，完善职业健康安全的组织保障体系：

1. 施工企业应在有关文件中明确与职业健康安全有关活动的责任、权限及相互关系，确定职责和权限的规定以何种方式传达。

2. 企业应对职业健康安全管理者代表及负责人进行任命，对员工代表及时进行确认。员工代表的职责应包括了解员工的职业健康安全需求，测量员工的职业满意度，及时与企业主管部门进行沟通，参与对有关职业安全方针的制定与审核，参与相关安全事故的处理等。

3. 企业有关项目经理部、部门的作用、权限、相互关系应有相应的文件。文件可以在施工组织设计、施工方案或专项安全方案中予以规定。

4.企业管理者代表的相应职责,以及员工代表和安全员的职责应有明确规定。

5.企业组织结构图及一些关键岗位(电工、架子工、焊工、机械工、起重工等)职责人员文件应传递至有关层次。

6.项目经理部人员,包括安全员、各专业工长、保管员,项目经理人员的职责履行应有职责履行的证据及认定记录。

7.通过安全巡检监视主要或关键岗位人员职责的落实情况,以及现场与相关方沟通的过程。职责不明者立即予以改进。

8.管理职责内容：

健康安全管理目标。工程项目实施施工总承包的企业,由总承包单位负责制定施工项目的安全管理目标并确保它：

(1)项目经理为施工项目安全生产第一责任人,对安全生产应负全面的领导责任,实现重大伤亡事故为零的目标；

(2)有适合于工程项目规模、特点的应用安全技术；

(3)应符合国家安全生产法律、行政法规和建筑行业安全规章、规程及对业主和社会要求的承诺；

(4)形成为全体员工所理解的文件,并实施保持。

9.职业健康安全管理组织：

(1)职责和权限。施工项目对从事与安全有关的管理、操作和检查人员,特别是需要独立行使权力开展工作的人员,规定其职责、权限和相互关系,并形成文件：

1)编制安全计划,决定资源配备；

2)安全生产管理体系实施的监督、检查和评价；

3)纠正和预防措施的验证。

(2)资源。对管理、执行和检查活动,项目经理部应确定并提供充分的资源,以确保安全生产管理体系的有效运行和安全管理目标的实现。资源包括：

1)配备与施工安全相适应并经培训考核持证的管理、操作和检查人员；

2）施工安全技术及防护设施；

3）用电和消防设施；

4）施工机械安全装置；

5）必要的安全检测工具；

6）健康安全技术措施的经费。

二、保证培训、意识和能力的协调运作

施工企业应保证培训、意识和能力的协调运作，确立职业健康安全管理的人员保障。

1. 施工企业应确立文件化的培训程序，特别是应规定相应关键岗位工作能力及培训资格的要求。

2. 企业应进行企业人员职业健康安全意识及能力的识别。

3. 企业人员培训的需求计划应与编制依据相一致。

4. 施工主要管理和关键操作人员的培训应及时有效，且相关人员培训的技能应得到识别和确认。

5. 各类人员安全知识培训，意识及能力评价应重点包括重要人员，如架子工、机械工、电工、焊工、防水工、安全员，项目经理的职责、评价及绩效识别应与工程施工要求相一致。能力评价应考虑个人素质、经验、技能、培训及心理活动。就安全管理而言，员工的心理健康状况又是风险管理的重点。

6. 企业对供应方（及分承包方）的培训工作应及时运作，且分承包方的人员培训效果应予以验证。

7. 安全教育和培训应贯穿施工生产的全过程，覆盖施工项目的所有人员，确保未经过安全生产教育培训的员工不得上岗作业。

8. 安全教育和培训的重点是管理人员的安全生产意识和安全管理水平；操作者遵章守纪、自我保护和提高防范事故的能力。

9. 安全培训的内容：

（1）施工管理人员的安全专业技能；

（2）岗位的安全技术操作规程；

(3) 施工现场的安全规章、文明施工制度;

(4) 特种作业人员的安全技术操作规程及措施;

(5) 新工艺、新材料、新技术、新设备实施中特定的安全技术规定;

(6) 安全计划中有针对性的安全措施要求;

(7) 特定环境中的安全注意事项;

(8) 对潜在的事故隐患或发生紧急情况时,如何采取防范及自我解救的措施。

10. 法定节假日前后、上岗前、事故后、工作对象改变时,应进行针对性的安全教育。

11. 教育培训应按等级、层次和工作性质不同分别进行,对从事特种作业的人员应按规定进行资格考核和专业培训。

12. 实施分包单位的进场安全教育及平时的安全教育培训,新工人应经过三级安全教育。

13. 保存培训教育记录,按规定建立员工劳动保护记录卡。

14. 项目经理部在安全计划中指定安全教育培训部门或责任人。

三、确保运作的协调和信息沟通

施工企业应确保体系运作的协调和信息沟通,以健全职业健康安全管理的预警及应急体系。

1. 施工企业应规定职业健康安全信息控制办法的程序。其程序内容应完整,规定应合理。

2. 供应商、承包方的有关职业健康安全管理的文件或信息应及时传递,且有关问题应及时得到处理。特别是重要信息的沟通交流应及时有效。

3. 企业特别是项目部有关内、外部信息的接受、有关重大答复的程序应明确,活动应有效。这些信息应包括政府的监督报告、事故报告及企业的职业健康安全的要求沟通等。

4. 施工现场各类职业反馈安全信息的传递及处置应及时有

效。

5. 各相关部门应及时对有关重大信息处理的结果及相应的效果进行分析。

6. 相关层次的领导对信息处理的决策情况,应发挥员工代表的作用(包括参与危险源的识别、风险评价、安全绩效的评审及对员工意识的反馈等)并且不断提高员工和相关方对职业健康安全管理的满意程度。

四、合理建立文件化的体系

建立企业应合理建立文件化的运作体系,以实现文件的简单、适用和高效。

1. 施工企业应控制企业职业健康安全管理体系的文件形成过程,特别是安全管理手册及程序文件的编制及审批应进行控制。

2. 应科学设置安全文件的体系架构,包括程序清单,支持性文件清单。如果手册与程序是汇编的,则应规定建立检索的途径。文件不要求固定的层次性,但是必须满足法律责任的追溯要求。

建议建筑企业应制定以下基本文件:

(1) 危险源识别、风险评审及控制措施策划程序;

(2) 目标、管理方案程序;

(3) 应急准备和响应程序;

(4) 不符合、事故、事件、纠正与预防措施程序;

(5) 内审程序;

(6) 监测和监控程序;

(7) 文件和记录程序。

以上各类文件应重在体现有关法律法规的要求。

3. 应确保安全文件与法律法规的一致性:确保各部门了解文件内容与法规要求的一致性,以及相应的有效性。

4. 企业文件的修订与变更应符合文件控制的程序要求。

5. 文件传递及归档应执行相关程序规定。

6. 企业与分承包方及相关方的文件传递与运行方式应帮助

企业,了解分承包方及相关方与企业信息沟通交流的情况。

五、保持文件和资料的控制

施工企业应努力保持文件和资料的有效控制,以保证文件的有效运转。

1. 施工企业应建立和保持文件和资料的控制程序。各类文件应经过审核、评审后发布;文件最好进行分层控制,以提高文件的控制效果。

2. 各类文件配置及与施工过程安全管理需求应接口;关键岗位特别是项目施工现场的关键人员应得到有关文件的现行版本。

3. 应保证文件发布与法规的一致性,相应法规的控制应严格。

4. 企业文件架构及内容应满足标准和法规的要求。

5. 企业的文件更改及运作,新旧文件交替的管理应及时有效,特别是新的危险源,或是不可接受危险源的控制文件更新更应如此。

6. 文件发放记录,及文件作废回收,处置记录应齐全。

六、科学有效地控制运行过程

施工企业应科学有效地控制运行过程,确保职业健康的运行成效。

1. 施工企业施工及管理运行过程应严格危险源和风险识别和评价策划活动;各部门应严格控制与所认识的风险有关的需要采取措施的运行和活动。

2. 应保证施工过程危险源评价和管理措施的策划文件及交底;对工地施工、过程、设备、运行程序和项目组织的设计,考虑其风险并进行有效的控制。

3. 安全管理方案的编写、传递及实施效果应进行过程控制。

4. 施工现场外架脚手架,"三宝"及"四口"、"五临边"防护,龙门架与井字架,塔吊及施工企业总部的危险源均是运行控制的重点。

5. 企业应经过评审选择合格供方或分承包方,并严格控制供方、分承包方的安全协议、沟通及项目的相应监视工作。用最有效简单的方式进行通报。应考察分承包方(供方)安全行为的控制情况。

6. 项目部应对现场各类人员职业病及传染病的管理进行同步运行,包括民工的住宿、饮食等方面的管理情况。

7. 运行现场应充分考虑有关方,特别是施工现场附近的居民的健康及安全的合理要求。

8. 项目采购控制:

(1) 项目经理部对自行采购的安全设施所需的材料、设备及防护用品进行控制。确保所采购的安全设施所需的材料、设备及防护用品符合安全规定的要求。包括防护用品应具备生产许可证等项要求。

(2) 项目经理部分管生产的副经理,负责组织项目材料、设备部门采购安全设施所需的材料、设备及防护用品。

(3) 项目经理部对分包单位自行采购的安全设施所需的材料、设备及防护用品应实行控制,控制的方式和程度取决于安全用品的类别及使用安全要求。

9. 供应商的评价:

(1) 根据能否满足安全设施所需的材料、设备及防护用品要求的能力选择供应商。

(2) 根据采购的安全设施所需的材料、设备及防护用品的重要性,对供应商进行评价:

1) 对供应商的生产业绩、市场信誉,以及在技术、质量和生产管理能力方面进行评价;

2) 对供应商所生产的安全设施所需的材料、设备及防护用品,验证生产许可证;

3) 做好已证实供应商能力和业绩的审核报告或记录。

(3) 经评价,合格的供应商列入合格供应商名录。

(4) 保存合格供应商的评价资料。
(5) 对采购资料的要求及控制方式:
1) 应注明类别、型号、等级或其他准确标识方法。
2) 产品适用的规范、图样、过程要求,检验规程或其他明确标识和适用规范、规程。
3) 合同签约前,由项目经理对采购资料规定要求是否适当进行审批。

10. 对采购安全设施所需的材料、设备及防护用品的供货和检验方式,合同中应作出规定。

11. 分包单位控制:
(1) 在合同关系未确定之前,应进行分包单位评价和选择;合同关系确定之后,对分包队伍进行控制。
(2) 项目经理部应明确对分包单位进行控制的负责人、主管部门和相关部门,规定相应的职权。
(3) 分包单位的评价:
1) 分包单位的营业执照、企业资质证书、安全许可证和授权委托书的验证。
2) 提供劳务单位的务工人员持证状况的核查。
3) 对分包单位的能力和业绩进行确认。
4) 将评价合格的分包单位列入合格分包方名录,同时应建立相应的档案,记录其安全状况和管理能力。
(4) 分包合同:
1) 必须严格遵循先签合同,后进行施工的原则;
2) 合同的主体合法,内容周到严密,约定条款符合总承包合同的规定,同时满足分包工程项目规定的要求;
3) 签订工程分包合同时,应签订安全生产、治安消防、环境卫生等协议书,作为附件;
4) 合同条款中应含有安全考核奖惩的细则。
(5) 合同履约:
1) 按合同规定向分包单位提供必要的材料设备、工具及生活设施、安全设施和防护用品；

2）按合同规定向分包单位提供经验收合格的施工机械设备、安全设施和防护用品；

3）项目经理部负责人向进场的分包单位进行施工技术措施交底。交底应以合同为依据、以施工技术文件为标准进行，包括安全生产和文明施工等内容。交底工作经双方负责人签字认可，并做好记录；

4）项目经理部应安排专人对分包单位施工全过程的安全生产、文明施工进行监控，并做好记录和资料积累。

（6）业主指定分包单位的控制：

业主指定的分包单位与工程项目经理部双方的权利和义务，应在工程总承包合同中予以明确规定，并按有关要求实施控制。

12．项目部过程运行管理：

（1）项目经理部对经过识别后那些施工过程中可能影响安全生产的因素进行控制，确保施工项目按安全生产的规章制定，操作规程和程序要求进行施工。

1）进行安全策划，编制专项安全计划；

2）据业主提供的资料对施工现场及其受影响的区域内地下障碍物清除或采取相应的措施对周围道路管线采取的保护措施；

3）根据现场人员的能力及素质情况，结合现场施工特点，制定现场安全、劳动保护、文明施工和环境保护措施，编制临时用电施工组织设计；

4）按安全、文明、卫生、健康的要求布置宿舍、食堂、饮用水及卫生设施；

5）落实施工机械设备、安全设施及防护用品进场计划；

6）制定各类劳动保护技术措施；

7）制定现场完全专业管理制度；

8）对从事危险作业的员工，依法办理意外伤害保险；

9）检查各类持证上岗人员的资格；

10）验证所需的安全设施、设备及防护用品；

11）检查、验收临时用电设施；

12）对施工机械设备，按规定进行检查、验收，并对进场设备进行维护，保持机械的完好状态；

13）对脚手架工程的搭设，按施工组织设计规定进行验收；

14）对专项编制的安全技术措施落实进行检查；

15）检查劳动保护技术措施计划落实情况，并从严控制员工的加班加点；

16）施工作业人员操作前，应由项目施工负责人以作业指导书、安全技术交底文本等，对施工人员进行安全技术交底，双方签字确认并保存交底记录；

17）对施工过程中的洞口、临边、高处作业所采取的安全**防护**措施，应规定专人负责搭设与检查；

18）对施工现场的环境（现场废水、尘毒、噪声、振动、坠落物）进行有效控制，防止职业危害，建立良好的作业环境；

19）对施工中动用明火采取审批措施，现场的消防器材配置及危险物品运输、贮存、使用得到有效管理；

20）督促施工作业人员，做好班后清理工作以及对作业区域的安全防护设施进行检查；

21）搭设或拆除的安全防护设施、脚手架、起重机械设备，如当天未完成时，应做好局部的收尾，并设备临时安全措施。

（2）项目经理部应根据安全计划中确定的特殊关键过程，落实监控人员，确定监控方式、措施并实施重点监控，必要时应实施旁站监控。

1）对监控人员进行技能培训，保证监控人员行使职责与权利不受干扰。记录监控过程并及时反馈到相关部门。

2）把危险性较大的悬空作业、起重机械安装和拆除定为危险作业，编制作业指导书，实施重点监控。

3）连续施工过程中安全设施的衔接工作，应有专人负责落实。

4）对事故隐患的信息反馈，有关部门应按有关规定及时处理。

13．职业健康安全检查、检验和标识：

（1）职业健康安全检查：

项目经理部应定期对施工过程、行为及设施进行检查、检验或验证，以确保符合安全要求。对检查、检验或验证的状态进行记录和标识。

1）施工现场的安全检查，应执行国家、行业、地方的相关标准。当上述标准不能覆盖工程项目的具体情况时，应在安全计划中明确规定。

2）项目经理部应组织有关专业人员，定期对现场的职业健康安全生产状况进行检查和验证，并保存记录。

3）对事故隐患应按有关要求进行分析和处理，对分包单位的违章处理应对照项目的管理文件和分包合同中安全生产相关条款规定。

4）对员工的身体健康及职业病情况进行检查，包括加班加点及劳动防护等状况进行巡查，以确保员工的身心健康。

（2）安全设施所需的材料、设备及防护用品的进货检验：

1）项目经理部应按安全计划与合同的规定，检验进场的安全设施所需的材料、设备及防护用品，是否符合安全使用的要求，确保合格品投入使用；

2）对检验出的不合格品进行标识，并按有关规定处理。

（3）过程检验和标识：

1）按安全计划的要求，对施工现场的安全设施、设备进行检验，只有通过检验的设施、设备才能安装和使用；

2）对脚手架、井架和龙门架、塔吊、施工电梯的组装、搭设进行检查验收；

3）对危险性较大的起重、升降设备，还须经过当地政府法定安全管理部门的检测合格后，才能投入使用；

4）施工过程中的安全设施，如通道防护棚，电梯井内隔离排或安全网，楼层周边、预留洞口的防护设施，悬挑钢平台，外挑安全

网等,组装完毕后应进行检查验收;

5) 保存检查验收记录。

14. 现场主要安全设施必须可靠运行,安全网点活动应及时有效。

15. 个人防护用品应按规定穿戴完好。

16. 各有关部门及项目部应做好运行过程的控制协调工作,以保证体系运行的完善一致性。

17. 项目部重点做好如下运行工作:

(1) 物资准备过程的控制。

1) 对建筑材料、构(配)件和制品加工、施工机具需要量、工艺设备等需要计划中有关危险及风险的控制;

2) 对物资供应合同有关安全条款(重在易燃易爆物质和商品混凝土有毒外加剂)的控制;

3) 确定物资运输方案和计划;

4) 物资按照计划进场和分类保管,特别是易燃易爆物质(如乙炔瓶、氧气瓶、煤气罐)的分类储存等。

(2) 施工现场安全准备过程的控制。

1) 现场施工安全控制网的设备与测量。按照建筑总平面图要求,进行施工场地安全控制网测量时,应考虑其重要危险源控制要求。

2) 确保施工现场水、电、道路、通讯畅通和场地平整,保证相关场地的排水通畅及用电安全。

3) 根据临时用电及设施计划和施工平面图,建造各项施工及安全防护设施(临时用房及临电设施)。

4) 施工机械、设备、机具进场的控制(检验、维护等)设备应满足安全的性能要求,重要电机应有安全保障,不能跑冒滴漏。

5) 对建筑材料进场(堆放、贮存)及试验、检验和验证工作应根据材料对施工及人体健康的风险特性进行运作。

6) 现场围挡应符合行业或地方规定。施工工程与住宿应分开运行。民工宿舍应有保暖和防煤气中毒措施。

7) 施工现场实行封闭式管理,安全基础设施齐全,各类安全防火标识清楚,材料堆放有序。

8) 应急设备(电话、消防设施、安全装置等)应按计划设置到位。

(3) 对劳动组织职业健康安全准备的控制。

1) 建立施工项目职业健康安全领导机构,明确员工代表;

2) 建立精干有效的安全保证工作队伍;

3) 组织有安全素质的劳动力进场;

4) 做好进场职工职业健康安全教育工作。

(4) 对土石方施工过程的控制。

1) 在土方开挖(含基坑支护)中应:使挖土机械保证废气排放达标,并按方案要求挖土;在基坑上部设置排水措施;雨季开挖考虑相应护坡措施。土方运输应注意机械安全和交通安全问题。一方面基坑深度超过5m的应有专项支护设计,坑壁开挖设置安全坡度应符合安全要求;另一方面,面积上、料具堆放及机械设备施工与槽边距离应符合规定要求。临边防护和坑壁支护需定时检查巡视。

2) 在回填和压实中应:

A. 土质的选择和含水量的测定;

B. 对有压实排水要求的填方施工,应进行安全防护;

C. 回填土的运输应防止遗洒和泄露;

D. 回填土的机械运作应防止坍塌或事故发生。

(5) 地基和基础工程施工控制。

1) 模板工程应有施工方案。现场"三宝"、"四口"、"五临边"防护工作应到位。

2) 现浇混凝土模板的支撑系统应有设计计算,且支撑模板的立柱材料及立柱底部垫板应符合规定要求。

3) 模板上施工荷载应满足设计和规范要求。

4) 地下连续墙施工应:一方面连续墙工艺方法的选择符合地质情况和施工安全要求;对地下连续墙强度、抗渗、位置相关安全特性的检查。另一方面在疏散通道、安全出入口、疏散楼梯、操作区域等部位,应设置火灾事故照明灯并配置灭火设备。

5) 桩基施工应:注意预制桩的预制、模板配置及输入程序满足安全设计和工艺要求;保证打入和压入预制桩的程序满足设计和环保规范要求;注意灌注桩的成孔工艺满足安全设计和规范要求;同时进行桩的检验和承载力评定,并与安全要求相对比。

6) 地下防水工程施工应防水和对混凝土结构大体积混凝土的浇捣过程噪声、扬尘及固体废弃物的控制,模板及浇筑、振捣设备要符合安全运行规定等。卷材防水层施工环境控制及安全问题的处理等。

(6) 主体工程施工过程控制要点:

1) 脚手架工程应有施工方案(包括落地式外脚手架,悬挑式脚手架;门型脚手架,挂脚手架,吊篮脚手架;附着式升降脚手架等)。

2) 脚手架的立杆基础,架体与建筑结构拉结,杆件间距与剪力撑,安全网、脚手板与防护栏杆均应符合施工安全规定要求。脚手架的杆件间距、架体防护、层间防护及脚手架材质均应符合相应安全检查的标准。同时应对脚手板的安置进行测试,以确保其安全性、稳定性。

3) 钢筋工程应保证钢筋加工机械,包括切断机、弯曲机等应维护完好,无跑冒滴漏现象。钢筋加工人员应有听力保护装置。其次电焊机等设备应避免出现机械故障,电焊工应有劳动防护,职业病尘肺应及时进行治疗。同时钢筋的水平和垂直运输应防止出现人身伤害事故,任何钢材代用都需经过安全论证,并由设计及监理进行确认,特别对钢筋加工过程的刺割伤害应予以防护。

4) 混凝土工程应确保各原料(水泥、砂、石、水、加外剂等)的有毒有害成分应满足规范和设计要求;混凝土的运输、布料、振动满足安全规范要求。其次对混凝土输送设备及起重垂直运输设备的安全防护装置及噪声特性检查和评定,预应力混凝土的安全管理技术交底的编制、施工机具的配置、安全方法的选择应符合设计要求和相关规定要求等。同时模板支撑系统应有设计计算,支撑模板立柱底部应有垫板,纵向横向支撑、立柱间距等均应符合规定要求。"三宝"、"四口"、"五临边"管理应符合要求;同时施工用电及吊车,垂直运输设备等均应按安全规范要求运作。

5)模板工程施工应保证模板的设计满足规范和设计要求(包括支撑系统的计算,立柱底部的垫层、纵向、横向支撑、立柱间距及施工荷载规定等)。其次应在安装和使用中满足该种模板的环保使用要求(包括模板存放、支拆模板、模板的维修保养等)。同时脱模剂的使用应注意防中毒工作。特别是模板验收应有相应手续,在模板上运输混凝土应有走道垫板等。

6)砌体工程应做好脚手架的防护及支设工作;注意跳板应在上人前进行固定性检查;其次是"三宝"、"四口"、"五临边"防护应工作到位;施工用电应保证按照安全规程的要求。

(7)门窗工程施工过程应:

1)门窗制作的油饰选用满足环保要求;各类油漆和其他易燃有毒材料,应存放在专用库房内,挥发性油料应装入密闭容器内,妥善保管;

2)在室内或容器内喷涂,要保持通风良好,喷漆作业周围不准有火种;

3)在高处安装玻璃,应将玻璃放置平稳,垂直下方禁止通行;

4)装屋顶采光玻璃,应铺设脚手板或其他安全措施。

(8)楼地面工程施工过程控制要点:

1)装卸、搬运、整制、铺涂沥青,必须使用规定的防护用品,皮肤不得外露。整制沥青的地点和施工过程均应符合安全规程要求。

2)有关耐酸防腐的地面工程应按照有关有毒有害物资的安全控制规定进行施工。

3)对于在地面及防水工程施工中,使用有害于健康和有引起火灾危险的材料(如沥青、焦油、氟硅酸钠、酸等)应按照国务院和劳动部颁布的有关规定进行。

4)应制定应急预案,对火灾、有毒有害的危险源进行预防性控制。

(9)电气安装工程及施工用电安全控制要点:

1)临时用电工程图必须单独绘制,外电防护应与在建工程及外电线路安全要求相一致,各类带电作业需符合电工安全规程要求的规定。

2)电力线路应采用接地与防雷的保护系统,配电箱、开关箱应符合"三级配电两级保护"要求,各类机械设备、安装设备均应执行建设部有关规定。

3)电缆安装时固定、弯曲半径、有关距离及接线、排序、终端、接头、接线等应符合设计和安全规范要求。

4)防水措施符合规定要求。室内布线应确定照明工程器具盒(箱)的位置;明暗配管套管敷设及室内线槽、护套布线时,应注意对金属器件的除锈和防腐处理。重点对有毒有害物资的控制。

5)电缆桥架安装应使电缆规格、排列、标志符合安全规定要求。桥架应接地良好。同时桥架金属部件的防腐处理应符合设计和安全规范要求,防腐人员应具备安全防护装置。

6)电气设备、器具的测试指标应满足相关安全要求;对于电动机及其控制线路的安装还应注意起动运行时的各项参数应符合有关规范要求。

7)电梯电气装置施工应对电梯型号、布置及设计图纸和技术要求等进行安全确认;对电源照明、电气设备装置、配管布线、安全防护装置等的安装过程中安全、稳定、接地等要满足安全要求;电气调整试车和工程交接试验应包括运行前检查、电器安全保护装置复查和调整、检修速度运行调试、平衡系数调整、额定速度运行调试、运输试验、超载试验、轿厢的平层准确度试验、技术性能测试等内容均符合安全质量要求,同时"三宝"、"四口"防护应严格执行规定要求。

(10)建筑采暖卫生与煤气工程控制要点:

1)给排水管道安装工程应有对管材防腐及管道安装的有毒

气体、液体的防护的处理措施。

2) 消防系统安装工程应使消防系统器材、设备的选择和检验、试验满足设计和应急响应要求；系统试压前应注意验证系统安装完毕，其安全可靠性符合设计和施工安装要求，并制定相应应急方案；同时应注意对管道采取相应的防腐措施(除锈、涂漆等)的施工安全控制。

3) 采暖系统安装工程的管内施工应及时加设固壁支撑管道，吊装时倒链应完好可靠，吊件一方禁止站人，管子就位卡牢后，方可松倒链。新旧管道相连时，要弄清旧管线内易燃、易爆和有毒物质，并清除干净方可施工。同时采取防腐、保温措施时应注意要求人员防护。安装完毕后，热力管网应满足试压要求；试压前应制定管道爆裂应急预案。

4) 通风、空调系统的安装工程，一方面风道安装过程中对防腐和保温措施的施工控制应注意人员防护；另一方面在室内空调水系统的施工安装过程中，应注意对防腐和绝热的安全要求。

(11) 屋面工程施工过程控制：

1) 防水施工过程中，环境温度等关键因素应满足规范要求，人员在高温或低温及大风条件下作业应有防护措施；

2) 应对完工或正在施工中，使用有害于健康和有引起火灾危险的材料(如沥青、卷材等)注重防火和应急准备的响应工作；

3) 防水施工中应注意防止灼烫伤。

(12) 装饰工程施工过程控制：

1) 拆除工程应注意防备电锤、空压机、电钻等的机械伤害。施工渣土清除、运输应防止高空坠落和物体打击。同时消除噪声源和渣土清运应控制相应的人员伤害。

2) 抹灰工程室内抹灰使用的木凳，金属支架应搭设平稳牢固，脚手板跨度不得大于 2m。同时机械喷灰应戴防护用品，压力表，安全阀应灵敏可靠，输浆管各部接口应拧紧卡牢。使用磨石机应戴绝缘手套，穿胶靴。

3) 吊顶工程吊顶材料的品种、规格、颜色及固定方法应满足规范和安全要求,吊顶用的施工支架应平稳牢固,吊顶的施工噪声应予以控制。

4) 涂料和油漆施工涂料品质、颜色应满足设计及环保要求,涂料的有毒有害物质应进行有效分类控制;其次在室内或容器内喷涂,应保持通风良好,喷漆作业周围不得有火种。截割玻璃,应在指定场所进行。截下的边角余料应集中堆放,及时处理。搬运玻璃应戴手套。同时在特殊涂料,如防火涂料施工中,满足特种材料的施工安全要求;注意夏季、冬季施工应采取保温、防护措施。

5) 饰面砖及大理石、花岗石工程应注意预防搬运及镶化施工的人身伤害。其次玻璃幕墙施工应注意安全防护。对大理石、花岗石的放射性进行检测、其放射性应符合安全规定。同时外墙装饰的脚手架或吊篮架子应严格按照安全施工规定。

七、做好应急准备与响应工作

施工企业应随时做好应急准备与响应工作,增强突发事件的反应能力。

1. 施工企业在紧急状况下的危险源识别和风险评估应及时进行,包括已识别的潜在事件或紧急情况有哪些,而且应尽量进行预测分析。

2. 现场外脚手架、"三宝"及"四口"、"五临边"防护、施工用电、龙门架与井字架、塔吊和施工机械等预案内容应充分完善,并对人员、资源的配置进行详细策划。实际运行中应注意对每个事故都有应急的反应能力问题。

3. 企业应定期演习或模拟等预案检查或评估;有关职能部门对应急响应的计划和程序应进行评审。

4. 企业应及时验证应急反应能力(包括人员素质和培训等),必要时进行现场观察。包括人员伤害等紧急情况的抢救与应急。

5. 应急准备与响应的主要对象是:高空坠落、机械伤害、坍塌、物体打击、触电、中毒、窒息等,这些风险必须提供预案进行控制。

6. 在事件或紧急情况发生后应评审应急准备和响应程度,导致的更改变化应及时协商或沟通。

第三节　检查与测量

一、动态跟进绩效测量和监视

施工企业应动态跟进绩效测量和监视工作,以随时掌握体系运作的特性。

1. 施工企业应建立书面的绩效监视和测量程序,应制定公司及项目经理部的分层监测计划。

2. 企业应保证项目经理部危险源的识别及风险的控制绩效,特别是安全的重点部位活动,如高空作业、地下施工等对应的危险源(如高空坠落、物体打击、有毒有害气体、塌方、机械伤害等)控制有效。

3. 针对对职业健康安全运行控制准则等要求进行日常定性和定量的监视和测量,企业应对目标及管理方案的完成情况进行例行检查,且及时进行分析。

4. 各部门及项目部应规定监控或监测的频次、内容及运作人员、方式等。实施主动的测量,以保证安全隐患的及时发现。

5. 有关部门应及时对有关测量仪(如兆欧表、压力表等)进行校准,包括校准的范围、方式及有效性均得到保证。

6. 各有关部门及项目部应及时对职业健康安全体系环境绩效进行数据分析;了解事故、疾病、事件和其他不良职业健康安全绩效的历史证据。及时进行被动监视,分析内在原因。以防止重复出现旧的问题。

企业部门应针对在粉尘中施工人员(如搅拌工、土方施工人员)以及焊工、保管员、电工、架子工、油漆工等进行身体健康状况的监测和测量。

二、严格事故、事件、不符合的控制，做好纠正和预防措施

施工企业应严格对事故、事件、不符合的控制，做好纠正和预防措施的实施。

1. 施工企业应建立事故、事件、不符合、纠正和预防措施控制程序。规定公司及项目部对事故、事件不符合的监视及处置的职责、权限。
2. 现场必须严禁违章指挥或操作的现象。应及时对事故、事件及不符合进行原因分析和处理，并且及时纠正或采取纠正措施。
3. 对职业病、主要危险源所引起的事故、事件及不符合的发生可能性应及时采取预防措施。
4. 各部门应主动地对安全管理活动进行持续改进。
5. 项目部及总部职能部门应保证异常情况时的信息交流。
6. 企业对所拟定的纠正预防措施在实施前应进行风险评价，以减少新的风险，并对相应文件因此而变更的情况进行控制。

三、保证记录和记录管理的有效性

施工企业应保证记录和记录管理的有效性，为体系的改进提高提供基础条件。

1. 施工企业应建立记录和记录管理程序，对记录和标识、收集使用、填写、保管、维护及废弃的程度作出规定，有关涉及职业健康安全的记录，特别是事故事件的数据应及时保存。
2. 应保存主要岗位及关键过程的运行记录、审核记录、培训记录。
3. 应保证记录易读懂，能识别有关危险源风险控制成果。
4. 各类记录易检索，用防止损伤、丢失的办法保管、规定并记录保管期限。
5. 各部门应建立并保持企业内部、分承包的记录，并查相关方的满意与意见的记录。

四、及时实施内部审核

施工企业应及时实施内部审核,以保证体系运行的符合性。

1. 施工企业应建立内审程序,内审员应具备相应的培训或工作经历的资质。

2. 应编制审核方案,且应审核覆盖全部核心要素,特别是施工项目工地的覆盖面应切实到位。有条件的企业最好采用滚动式内审。

3. 企业审核人员审核表的内容,应充分、完整、有针对性,可以满足标准要求。

4. 内审中的不符合报告内容及纠正措施验证情况应清楚有效,内审员应在现场观察危险源及风险评价、纠正措施的运作效果以保证内审的实施。

5. 审核报告的内容,评价应客观有效,便于采取改进措施。

6. 首末次会议及审核的相关记录应完整清晰。

7. 企业近期内审不符合项的数据分析及改进应与反复出现的相同不符合项的处理情况相一致。

第四节　管理评审与改进

施工企业应保证管理评审的充分、适宜和有效,以不断提升体系运作的水平。

1. 施工企业应建立职业健康安全管理评审记录,保证充分性、有效性和适宜性;管理评审应定期进行。其管理评审应对方针、目标的不足提出修正。

2. 管理评审输入的内容,应保证其输入信息的来源及充分性,并保证每次管理评审的内容和范围界定合理。

3. 管理评审应由最高管理者进行主持。管理评审输出,包括管理评审报告的内容应充分,评审内容应到位,改进措施应有针对性,改进资源应配置有效,特别是项目部应制定贯彻管理评审的计划。

4．相关方满意情况及其评价应在管理评审中予以体现；管理评审应确定下一年度运行的目标指标。

5．企业应保存改进措施及效果评价的证据，以了解企业确定了体系持续改进的重点及如何改进的方向。

第七章 职业健康安全管理体系审核运作

施工企业建立并运行职业健康安全管理体系以后,应及时进行内部审核,以寻找改进的机会,尽快提升体系运作的水平。重点包括制定审核方案、审核计划、检查表,实施审核运作,形成审核发现和审核结论,最后编制审核报告等。

第一节 制定审核方案和审核计划

审核方案是对一组(一次或多次)审核的安排。主要由企业体系管理部门负责策划、编制。内容包括:一段时期内(如三年)的审核目的、审核范围、审核内容及审核日期等。审核方案比较概要,是审核计划的编制依据之一。审核方案包括了某一周期中的审核策划及每次审核的审核计划。审核方案完成后应对其效果进行评审,及时予以改进。

审核计划是指现场审核的人员和时间安排以及审核路线的确定。审核计划一般应提前由审核组长通知受审核方,受审核方如有异议,也可作出双方同意的调整。

一、审核计划的内容

审核计划包括下述内容:
1. 审核目的
通常是评价职业健康安全体系是否符合合同或相关准则要求。
2. 审核范围
即职业健康安全体系所覆盖的工作范围和涉及的部门及场所。
3. 审核依据

主要是选定的职业健康安全体系标准及受审核方的职业健康安全体系文件。具体运作活动可参照 GB/T 19011:2002 标准。

4．审核组成员

审核组长和组员的名单及其分工。

5．审核日期

现场审核的起止日期。

6．审核日程

审核的时间安排,一般以小时或上下午为单位安排审核日程。

7．保密承诺

审核组所有成员应表明保密承诺,包括职业健康、企业和审核信息,在没征得审核方同意的情况下不得透露给第三方。

8．其他

如审核时使用的语种等。

本节给出了××建筑工程公司的审核计划,见表7.1-1。

××建筑工程公司 OHSAS 18000 审核计划　表 7.1-1

审核目的:职业健康安全符合性审核
审核时间:2002 年 8 月 15 日~16 日
审核依据:GB/T 28001—2001
　　　　　公司 OHSAS 手册(B 版)
　　　　　公司 OHSAS 程序(B 版)
审核范围:工业与民用建筑的生产、安装和服务及管理活动
审核组长:李××
审核组成员:李××(A组)　宁×(B组)　伍×(B组)
具体安排

8月15日(周二)	08:30~09:00	首次会议
	09:00~10:00	现场巡视
	10:00~12:00	与公司总经理、管理者代表面谈(4.2,4.6)
	12:00~13:00	午餐、休息
	13:00~15:35	A组　安全部 (4.3.1,4.3.2,4.3.3,4.3.4,4.4.6)

续表

8月15日(周二)	15:35~17:30	B组　企管部
		(4.4.1,4.4.3,4.4.4,4.4.5,4.5.3,4.5.4)
		A组　工程部
		4.3.1,4.3.3,4.3.4,4.4.6)
		B组　经营部
		(4.4.1,4.3.1)
	17:00~17:30	审核组内部交流
	17:30~18:00	与受审核方沟通
8月16日(周三)	08:30~09:0	A组　仓库
		(4.4.6,4.4.7)
		B组　办公室
		(4.4.4,4.4.5,4.4.2)
	09:00~12:00	A组　第一项目部
		(4.3.1,4.3.3,4.3.4,4.4.6,4.4.7,4.5.1,4.5.2)
		B组　第二项目部
		(4.3.1,4.3.3,4.3.4,4.4.6,4.4.7,4.5.1,4.5.2)
	12:00~13:00	午餐　休息
	13:00~14:00	补充调查
	14:00~15:00	审核组内部小结
	15:30~16:30	与公司领导交换意见
	16:30~17:15	末次会议

二、审核人日的计算

施工企业在制定审核计划中,审核人日的计算是审核资源配置的重要内容,审核组长的能力不仅体现在对审核人员的使用要合理,还应对审核时间作出正确的估算。审核人日的估算,本质上是每次审核所用时间的估算,估算不准确,就难以作出恰当的日程安排。施工企业的审核量主要在工程项目,应围绕工程项目编制审核计划。

第二节 编制审核文件

施工企业审核文件包括审核检查表、不符合报告和审核报告表格,以及审核记录样式等。有的企业则将审核检查表与审核记录合一,也可分开作为两个文件。

一、检查表的含义和作用

1. 检查表的含义

检查表是审核员的工作文件、提纲或工具,是如何进行审核的策划性成果。

2. 检查表的作用

(1) 确保审核目标的清晰和明确。审核员根据检查表进行审核不致偏离审核目标和审核主题,检查表可起提醒和警示作用。

(2) 保证审核内容的周密和完整。单纯凭经验或记忆,在审核内容较为繁复时,难免有挂一漏万之处。事先经过策划所制定的检查表把审核内容一一列出,确保审核内容的周密和完整。

(3) 保持审核节奏和连续性。审核过程是一项高节奏而紧张的活动,不容许在某一问题、某一要素逗留过长时间,事先把审核内容排列成检查表,可起备忘录作用,有助于掌握审核节奏和连续性。

(4) 减少审核员的偏见和随意性。在审核中有时由于审核员的特长或兴趣偏好,或由于情绪和感情因素,如对感兴趣而熟悉的内容逗留时间很长,而不感兴趣或陌生的内容审核时间过短,甚至一带而过。检查表有助于减少审核员的偏见和随意性。

二、检查表的内容

检查表的内容主要是两方面:

1. 列出审核项目和要点，确保审核覆盖面的完整，主要解决一个"查什么"的问题。

2. 明确审核步骤和方法，进行抽样量的设计，主要解决一个"怎么查"的问题。

三、设计和运用检查表的注意事项

（一）设计检查表的注意事项

1. 以职业健康安全管理体系标准及企业 OHSAS 体系文件为依据。

2. 以部门审核为主，部门审核时应列出有关的主要要素（但并非所有要素）的审核内容和审核方法，也可进行要素审核，但必须说明到哪些部门去查，如何查。

3. 注意逻辑顺序，明确审核步骤。

4. 抓住重点，抽样应有代表性。

5. 在设计检查表中常见的问题是：

（1）将职业健康安全管理体系标准中的肯定句原封不动地加上疑问词变为疑问句，即作为检查表；

（2）只列出审核项目，忽视审核方法和抽样量的设计；

（3）仅按照职业健康安全管理体系标准来编制检查表，对企业的职业健康安全体系文件钻研不够，没有结合企业实际来编检查表。

（二）运用检查表的注意事项

1. 检查表是审核员的工作文件，没有必要披露给受审核方，更不能事前通报受审核方以有针对性地做好准备。

2. 检查表最好由审核员默记脑中，并以自然而巧妙的方式进行提问。审核员手中虽持有检查表，但主要起备忘录作用，千万不可逐条照本宣科，变成生硬地你问我答的检查过程。

3. 审核员在审核过程中如发现新的情况或有价值的内容可以修改和调整检查表的内容。

四、检查表示例

编制检查表有许多方法,各企业有不同的习惯作法;另一方面,随着审核员的审核经验多少,对检查表所要求的繁简程度也有所区别,不必划一,总的目的是便于实用。但是,不熟练的审核员需要详细的检查表,以利于理清思路,起备忘录作用。表7.2-1即为部门检查表示例。

职业健康管理体系审核:部门检查表　　表7.2-1

受审核部门	安保部	编制日期	2002年7月15日
职业健康管理体系标准	GB/T 28001—2001	审核员	×××
审核的要求		4.3.1,4.3.2,4.3.3,4.3.4	

序号	审核项目	审核方式
1	部门经理是否清楚安保部在职业健康安全管理体系中的主要管理职责	与部门经理谈话30min了解相关情况和职责实施方式
2	是否对危险源进行了识别和评估,是否评估了不可接受风险	查危险源辨识清单,抽查不可接受风险的危险源的评审记录和清单并现场观察验证
3	危险源识别和评估方法是否科学、可靠	抽查高空坠落、物体打击、机械伤害及中毒、触电等施工企业的常见危险源的评审记录,验证评估方法的有效性、充分性和适宜性
4	不可接受风险是否制定了有效的控制措施	抽取防高空坠落、物体打击的策划记录,判断其不可接受风险评估与控制措施是否进行了协调考虑
5	针对企业危险源及相应风险是否及时收集了相应的法律法规	查法律法规清单,与重大危险源进行对比,了解法规的完整性和适宜性
6	针对不可接受危险源是否确定了控制目标	查不可接受风险的控制目标,特别是目标分解的适宜性
7	是否针对不可接受危险源制定了管理方案,内容是否符合要求	查管理方案的防护措施的可行性及实施效果

续表

序号	审核项目	审核方式
8	是否针对运行需求,策划并编制了相关的运行程序,是否有关策划考虑了以人的能力相适应,是否与供方、合同方进行了信息沟通	查脚手架作业、土方作业、塔吊作业及临时用电作业活动的运行控制情况,了解相关策划活动的实施效果
9	是否有应急响应的措施	查火灾、高处坠落、触电、物体打击、窒息等应急准备与响应情况
10	是否针对不符合采取了纠正与预防措施	查不符合的处理,事故事件的纠正预防措施
11	监测的绩效是否达到目标要求	查测量结果,并评估其绩效

有的企业还编有自印的通用检查表。这种检查表并非直接照抄标准条文将其转化为问句罗列的,而是突出某些重点,必要时还在注解中作了具体事例补充。在实际应用时,还可根据受审核的具体情况对检查表有所调整。总之,检查表的应用是灵活多样的、不拘一格的,不应硬性规定具体模式。但对于初学者,作为培训或初学审核的人员来说,应投入一定精力学习编制检查表,以便学会如何策划和实施审核的全过程,不能图省事、走捷径。

有关职业健康安全管理体系的审核要求可参考本书作者编写的《工程建设企业职业健康安全及环境管理体系审核指导》一书。

第三节 实施审核

实施现场审核的目的,是为了查证职业健康安全管理体系标准和职业健康安全管理体系文件的实际执行情况,对职业健康安全管理体系运行状况是否符合标准和文件规定作出判断,因此它是一种符合性审核,用以证实受审核方已经实施并保持了一个有效的职业健康安全体系。

一、首次会议

现场审核的整个过程将召开一系列会议:首次会议、审核组内部会议、审核组与受审方沟通会议、末次会议。在审核活动中必要时还可召开座谈会。

会议是审核过程中受审核方与审核组成员之间交流的主要手段。不同会议有不同的目的,也就有不同的人参加,如果要实现会议的目标,就需要认真安排好所有的会议,包括会前策划(目的、参加人员、时间)、会议控制(时间、内容、气氛、排除干扰,坚持达到会议目标)和对会议目标的验证。这些会议一般由审核组长或分组组长主持,其他审核组成员辅助)。

首次会议是现场审核的序幕,首次会议的召开就表明现场审核的正式开始。首次会议是审核组与受审核方高层管理人员见面和介绍审核过程的第一次会议,因此,必须认真开好首次会议。

(一) 首次会议的目的

首次会议要达到以下目的:
1. 向受审核方的管理人员介绍审核组成员;
2. 重申审核的范围和目的;
3. 简要介绍实施审核所采用的方法和程序;
4. 在审核组和受审核方之间建立正式联系;
5. 确认审核组所需要的资源和设施已齐备,包括复印机、电话、办公室等;
6. 确认审核组和受审核方高层管理人员之间末次会议和中间沟通会议的日期和时间;
7. 确认审核计划,包括其中不明确的内容以及是否需要调整和修改。

(二) 首次会议的程序

首次会议由审核组长主持。
首次会议大致有如下程序:
1. 与会者签到

与会的审核组成员和受审核方与会人员分别在规定的记录上签到,并说明其身份或行政职务。

2. 人员介绍

审核组长介绍审核组成员,受审核方介绍与会管理层成员和相关部门负责人或其代表等。

3. 重申审核目的和范围

审核组长应重申审核目的,说明为什么要进行审核,审核涉及到哪些活动和部门,或不涉及哪些活动和部门。

4. 审核依据

审组组长应说明审核依据职业健康安全休系标准的内容,确认职业健康安全手册的版本依据。

5. 审核方法及程序介绍

审核组长应说明审核的基本方法是抽样,有一定局限性,审核结果只对抽样负责;审核组长还应介绍审核的程序,包括审核组内部交流和与受审核方沟通的安排,并说明不合格项的记录与确认方法,讲解如何正确对待不合格项。

6. 审核结论的报告方式

审核组长应说明审核结论的种类,并说明审核组仅提供推荐性结论,最后仍由认证机构决定并发布正式结论。

7. 审核计划的确认

在首次会议上双方应对审核计划进行最后一次确认,如确有需要,可修改计划,但应双方协商,要让每一个受审部门了解审核计划。

8. 确定联络、陪同人员

在首次会议上应确定陪同人员。陪同人员的主要作用是联络、向导和见证。同时落实审核员工作、交通、安全防护条件以及食宿安排(中午只能是工作午餐或快餐的安排,不可耗时过长)。

9. 强调审核的公正性、客观性

审核员将尊重客观事实,用客观证据说话,不听信道听途说,不提供咨询,并希望得到受审核方的配合和支持。

10. 保密承诺

审核组长应重申审核人员的保密守则,负责保守受审核方的技术秘密、管理诀窍和审核信息。

11. 明确安全防护条件

受审核方如有清洁区、负责区等限制条件和要求,包括特殊防护衣着的安排,比如:脚手架、外用电梯、塔吊、隧道及其他特殊行业的防护要求应在会上予以明确。公司内如有某些"不能去"的区域或保密区域(例如保密工程施工的安排)应予以说明。

12. 澄清疑问

对有疑问的问题应在会上予以澄清,并确定末次会议的时间、地点及参加人员。

最后,审核组长确认有关问题已全部明确或澄清,在表示谢意后,则可结束首次会议。

（三）首次会议的注意事项

1. 审核组长作为主持者应控制首次会议的时间在 30 分钟左右。为掌握时间,应力求简短。

2. 受审核方主要领导应参加首次会议,有特殊情况应指定代表参加,审核组不应强求某一领导非参加不可。

3. 审核计划如有需要可作适当调整。

4. 首次会议的开法确定了审核的"基调"和风格。审核组应显示审核的风格是:守时,讲究效率,务实,开诚布公,气氛融洽而又坦率透明。

二、审核方法

职业健康安全管理审核的基本方法是抽样,抽样本身是有风险的。因此如何抽取样本,查证记录,发现问题和获取客观证据则必须掌握审核的技巧和方法。

（一）审核思路和审该方式

审核思路是审核方法的基础内容。职业健康安全的审核思路基本上可以用一个主线审核思路来加以概括。即以危险源辨识、风险评价及措施策划(4.3.1)为龙头,进行审核,具体是:4.3.1→4.3.2→4.3.3→4.3.4→4.4.6→4.4.7→4.5.1→4.5.2→4.5.4→4.6,其他条款根据相应的审核需求有机地加以整合。

审核方式是指总体上如何进行审核的方式,概括起来有四种:

1. 顺向追踪

按照职业健康安全管理体系运作的顺序进行审核,如从文件内容查到实施情况,从施工生产过程的第一道工序到最后一道工序(不是逐道工序查证,而是抽样),从影响职业健康安全的因素查到其结果,从接收订单开始跟踪到交付。

这种方式的优点是:可以系统了解体系运作的整个过程,查证其接口和协调情况,但耗时较长。

2. 逆向追溯

按照职业健康安全管理体系运作的反向进行审核,如从实施情况查到文件,从后面工序查到前面工序,从交付查到订单,从形成的结果到影响职业健康安全的因素。

这种方式的优点是:从职业健康安全管理体系运作所形成的结果查起,有强烈的针对性,切实具体,但在问题复杂且审核时间有限时,不易达到预期的目的。

3. 部门审核

这种方式是以部门为中心进行审核。一个部门往往承担若干要素的职能,因此审核时应以其主要管理职能(也即主要业务内容或其之一)为主线进行审核,不可能也没必要把这个部门有关的所有要素都查到,但不能遗漏主要管理职能。

这种方式的优点是:审核效率高,但审核内容比较分散,因此思路要清晰,并注意加强内容综合,有经验的审核员常采用此法。

4. 要素审核

这种方式是以职业健康安全管理体系要素为中心进行审核。一个要素往往涉及两个以上的部门,往往要到不同部门去审核才能达到此要素的要求。

这种方式的优点是:目标集中,更易体现与体系标准或体系文件的符合性,其缺点是审核效率较低,因此路线安排要合理。缺乏经验的审核员常采用此法。

这四种方式中,最常用的是部门审核,但这种方式也是最难实施的方式,因为一个部门往往有多种管理职能,涉及到多种要素,在审核中需要捕捉或抽取一个部门多种管理活动的样本,比较分散,因此审核员必须事先准备好审核检查表,不要忽略任一主要管理职能,并注意从多方面收集事实,做好记录。

事实上,这四种审核方式并非平行和独立的使用,往往是两两结合使用。例如部门审核和要素审核中选取一种方式,顺向追踪和逆向追溯选取一种方式,而后选出的两种方式组合起来使用。在实际审核中根据不同审核对象,变换审核方式的组合也是常见的。

(二) 调查方法

现场审核时可通过现场观察,查阅文件和记录,提问与交谈和实际测定等方法调查。概括起来是:

1. 根据审核需要及时进行提问

一般情况下,审核员基本上按检查表组织提问,但应组织得自然、和谐,切忌生硬刻板。在这方面审核员的耐心、礼貌和保持微笑有助于克服受审核方部门代表的畏怯和胆怯心理。审核员完全可以将同一问题问不同人员,探讨答案不一致性的原因。

2. 了解情况随时注意倾听

审核员要注意听取谈话对象的回答,并做出适当的反应。首先必须对回答表现出兴趣,保持眼睛接触,用适当的口头认可的话语,来表明自己的理解。谈话时应注意观察回答者的表情。当受审核方误解了问题或答非所问时,审核员应客气地加以引导,而不是粗暴打断。

3. 动态分析因素实施重点观察

审核员要仔细观察重点现场环境、设备、产品和标记。查看有关记录,当发现问题时要进行深入检查以确定客观证据。客观证据是指建立在通过观察、测量、试验或其他手段所获事实的基础上,证明是真实的信息。审核员获取客观证据,要像法庭取证那样严格,要通过反复求证弄清不合格事实。应仔细观察相关职业健康安全管理活动,分析危险源的变化趋势,从而获取第一手证据。

4. 收集证据,作好记录

审核员必须"口问手写",对调查获取信息、证据作好记录。所作的记录包括时间、地点、人物、事实描述、凭证材料、涉及文件、各种标识。这些信息均应字迹清楚、准确具体、易于再查。很显然,只有完整、准确的信息才能作出正确的判断。

5. 观察动态、追踪验证

审核员必须善于比较、追踪不同来源所获取对同一问题的信息,从差别中判断体系运行状况;必须善于追踪记录与文件,记录与现状的符合情况,并作出结论;审核员必须善于追踪职业健康安全管理体系某一组成部分的来龙去脉,发现问题,获取客观证据,而不是轻信口头答复。

(三) 提问技巧

从某种意义上说现场审核的目的是收集施工企业职业健康安全体系有效性的反面证据,即存在的问题或不合格项。这种反面证据越少,则说明职业健康安全体系运作越正常,有效性也越好。

为了收集证据,必须运用各种提问技巧。审核员的能力取决于询问正确问题的能力。

1. 提问方式

常见提问的基本方法有三种:

(1) 开放式提问

答案需要说明、解释来展示的问题,例如 5W1H(Why, What, Who, Where, When, How)之类的问题,它可引导出比"是"或"否"更多的回答,因而需要更多的回答时间。故这种提问需要控制时间,否则会影响审核计划的完成。

(2) 封闭式提问

可以用简单的"是"或"否"就可以回答的问题。它可用以获取专门的信息,并节约时间,但信息量较小。

(3) 澄清式提问

由于时间的约束要求,将开放式和封闭式提问结合起来,带有主观导向的含义,用以需要一个快速回答或审核员希望支持正确答案时使用。例如"于是你就直接采取纠正措施,并在两周内返回纠正措施实施情况报告……",这种提问应慎重。

以上方法根据审核实际需要,由审核员掌握,灵活使用。

2．开放式提问的技巧

有不同类型的开放式提问的技巧。例如有如下类型问题:

(1) 带主题的问题

提出问题之前有一明确的主题,例如"说到文件控制,你们是如何管理外来的法规文件的?"

(2) 扩展性问题

扩展性问题能拓宽谈话而造成一种全身心投入的氛围,它表明审核员对受审核方谈到的问题很感兴趣,从而使受审核方受到鼓舞,就会把说明继续下去。例如"你为什么觉得有必要这么做……";"由此你采取了哪些方法或措施?"

(3) 讨论性问题

讨论性问题有助于使受审核方摆脱公式化的答案,说出个人的思路、见解和感觉。例如"你认为为什么要这样做?""你将怎样从事这项分析活动……?"

(4) 调查性问题

审核员应少说多听,没有必要说出自己的观点和认识,这时可采用调查性问题,例如"这项安全防护工作,你觉得应当做到什么程度?""你对职业健康这方面有什么想法?"之类的问题会使受审核方减少思想负担,使谈话气氛轻松自然。

(5) 重复性问题

重复性问题可以得到明确的答案。比如当受审核方说"我不认为需要一个程序。"审核员问:"你不认为需要一个文件化的程序?"受审核方就不得不回答此问题。

(6) 假设性问题

当要了解体系的应变能力或异常情况下如何处理时,可提出假设性问题。例如"如果出现事故、事件怎么办?""如果合格分承包方未能及时清理现场怎么办?"

(7) 验证性问题

受审核方口头上介绍了职业健康安全体系运作的良好状况,审核员可要求其拿出证据,即"显示给我看"或"请拿出证据"。

除以上类型问题外,还有一些别的类型问题。例如用形体语言表示的无声问题或信息:惊讶、响应、不理解、共识等,都可以引起对方的交流从而使谈话继续下去。

第四节　审核过程的控制

施工企业审核过程的控制包括下述三个方面:审核计划的控制、审核活动的控制和审核结果的控制。

一、审核计划的控制

一般情况下,特别是在首次会议上已再次确认过的情况下,应按已定的审核计划执行。在审核过程中,如受审核方出现原来没有估计到非可控因素,例如关键人员紧急出差,停电断水或其他意外情况,可局部调整审核计划。如原来预定去项目工地审核,由于停电断水,改变到处室部门去审核。

二、审核活动的控制

审核过程本身是沿着审核计划和审核员检查表所规定的路线,在受审核方职业健康安全管理体系中所作的一次紧凑的运作活动。在这过程中,审核组全体成员起着主导作用,应注意控制以下要点:

1. 样本策划合理

审核员对审核范围(标准适用部分、分工场所、覆盖的产品)内的事物或活动,应抽取相应的样本,证实相应审核对象是否符合要求,样本应合理,以保证审核的系统性、完整性。

审核过程的抽样必须做到随机抽样。随机抽样有三方面含义:

一是要保证一定数量,总的来说,抽取的样本通常应该在2个到12个之间,根据受审核对象的规模大小和审核时间而定。以便于进行样本对比分析,并提高效率。只抽取一个样品或抽取上百个样品都是不妥当的。有时也可从第一个样本上所取得的信息决定抽样大小,如果发现第一个样本不合格,就必须再次抽样,以便确认所发现的不合格是属于偶然的个别问题,还是系统的问题。

二是要注意分层,做到分层抽样。可以按产品、设备、生产工序、岗位或记录、标识等分层。

三是要适度均衡,不可一个部门过多,而另一个部门过少。

在抽取样本时,审核员应坚持亲自选取样本,而不应让受审核方"随意"挑选一个样本供检查。受审核方挑选的样本很少是真正随机挑选的,多半是受审核方希望审核员看到的,而不是审核员希望挑选的。

必须指出,曾经有人对抽样产生过误解,以为在现场审核时,部门和要素是可以随意挑选的。这是不正确的。年度内审体系要素和与职业健康安全管理有关的部门(特别是主要部门)不存在着抽样问题,均是必须审核的。

2. 辨识关键过程

审核员应通过审核准备和查阅文件,观察和调查,借助组内技术专家的指导,辨识影响体系运行的关键过程,例如,如果审核一个以外包工程为主施工工地的OHSAS体系,其关键过程是对采购过程的控制和外包过程职业健康安全监视过程的控制。对采购过程的控制的重点又是对采购分承包方相关过程的评价和信息沟通。可以说这种辨识关键过程的基础在于对企业的现场进行观察,特别是危险场所、危险部位的风险进行全面评估,是做好建筑企业OHSAS内审的关键。在审核高危场所时,如化学危险品仓库、脚手架搭设现场、钢结构吊装等,均应识别出相关的关键过程及活动,确定相关风险,以便抽样。

又如,几乎所有受审核方在体系审核时总会发现在文件和资料控制上存在这样或那样的问题,但审核员应把主要精力集中在可能造成管理混乱,影响体系运行,危及工作场所安全的问题上。例如文件的有效版本、文件的更改和外来文件的控制等方面,而不要把过多精力花在无关紧要的琐碎问题上。

3. 评定重要因素

审核员应能辨识危险源及风险评价的重要因素并掌握评定这些因素是否处于受控状况的方法。包括评价人员能力、评价方法、评价结果等因素及其相互作用。一般来说,影响危险源及风险评价的因素有人员、设备、物料、工艺文件、计算机软件、公用设施和环境条件等。但是对某一具体活动而言,这些因素并非有同等影响,必须也可以区分出其中影响职业健康安全的重要因素。如架子搭设、钢筋及木料加工,高空作业,电工、焊接作业等,均为重要活动(过程),与普通活动相比,重要活动对职业健康安全的影响较大。评定重要因素的关键应与活动相结合,主要看以下两个方面:

(1) 关键活动的操作有较大的技术难度,需要受过专门培训的掌握特殊技能的人员经过某种资格认可后才能操作。

(2) 对关键活动往往采用特殊控制方法,即对过程参数进行多频次的策划和验证,以确保:

1) 安全防护设施、施工设备、测试设备的准确度及波动性符合规定要求;

2) 作业人员的技能、资格和知识能持续地满足职业健康安全要求;

3) 过程的环境、时间、温度或其他影响因素符合安全施工规定;

4) 过程的测量结果和数据的准确度得到控制;

5) 工艺文件能正确指导活动的进行。

(3) 应特别关注员工心理因素所产生的风险。施工企业各类人员较多,人员素质和能力相差较大。其中人员的心理活动是否正常又直接影响着施工的安全状况。因此,审核时应注意观察员工的心理变化、分析趋势,以判断风险大小及可能的结果。

4. 重视控制结果

随着施工生产对象的不同,职业健康安全管理体系各要素的控制形式有多种方法,有时审核员囿于自身的见闻和经验,习惯于某一特定的形式,往往会对受审核方规定的控制形式提出异议,认为不符合自己心目中的控制状态,但只要 GB/T 28001 没有作出具体规定,受审核方的职业健康安全体系各要素的控制效果良好或未发生失控现象,审核员就应当加以确认和理解,没有理由否定。

5. 注意相关影响

审核过程中需要进行分组审核,通常一个人一组或两人一组。因而每位审核员所接触的只是受审核方职业健康安全体系的一部分,因此每位审核员不仅要分析各自观察结果对职业健康安全体系的影响,还应根据各要素、部门和活动的相互关系,分析观察结果的相互影响、因果关系、共性问题等,以便对受审核方职业健康安全体系的建立、实施、效果等方面作出综合评价。就相关关系而言,有体系文件的范围和详略程度与涉及人员技能和培训程度之间,危险品使用的数量和性质与对分承包的控制之间的相关关系等,在审核评价时均应把有关资料综合起来加以考察才能得出中肯的结论。如果孤立评价就会得出错误的结论。比如现场发现有人违章穿越防护栏杆,就应注意其现场工作平面布置、安全通道及相关策划的合理性影响,以便准确找出相关风险的内在原因。

6. 营造良好的审核气氛

在与受审核方交往中尊重对方,正确对待受审核方的各种态度。受审核方远非所有人员对审核都有正确态度,由于各种原因和动机,不同的人对审核的态度各有不同:有的人态度冷淡,抱有传统成见;有的人自愿提供信息,希望借助审核组充当"裁判";有的人有意、无意地转移审核员的视线等。审核员应始终保持耐心和礼貌,不介入受审核方内部争论,态度诚恳,实事求是,努力确保审核的客观性和公正性,以达到审核目的。

三、审核结果的控制

审核员对受审核方的职业健康安全体系进行现场审核后,这时对审核结果进行控制,包括以下方面:

1. 审核发现要以事实为基础

无论是对部门或是对要素的审核结果,是以符合或不符合来体现的。但是符合或不符合要以可以重查、可以追溯的客观事实为基础,这里不能掺杂任何个人的主观或感情色彩,不能掺杂"推理"、"假设"和"想当然",不能有任何"水分",否则就不能维护审核的信誉。

2. 不符合事实要得到受审核方确认

审核员出具的不符合报告,应当得到受审核方确认并加以签字。其目的是就发现的不符合事实征求受审核方意见,这体现了职业健康安全体系审核的公正、透明和规范,同时在受审核方确认的基础上,也使其易于采取纠正措施,有助于不合格项的消除或解决。

这样做对审核员的工作质量也是一种考验:只要不合格事实中有任何虚假之处,受审核方就有理由不签字,这有助于提高审核员的素质,养成一丝不苟的科学态度和工作作风。

有时,受审核方出于误解,认为签了字就是表明同意审核员对不合格项的判定结论。实际上,要求受审核方签字确认的仅是不合格事实,而不是结论,结论和性质判定是审核员的职责。

如果受审核方提出补充证据,证明审核员对不符合事实陈述有误,审核员经过补充调查核实,应勇于修正错误。同时审核员也应查明为什么补充证据不在现场提供的原因。

3. 道听途说不能作为证据

不管是陪同人员自愿提供,还是其他人员通过电话、写信或来访提供的信息,凡未经审核员亲自查证者,均作为道听途说处理,而道听途说不能作为证据。

一般,任何人谈及本职工作以外的现象或情况,均属于道听途说,只有主管人员、运行人员或主管领导对归口或分管范围职能活动的谈话才能作为证据。审核员应注意限定这一界限。

4. 要相互沟通,统一意见,形成审核组的一致意见

在审核过程中,职业健康安全体系远比一场足球比赛复杂得多。有时问题或不符合发生在现场,但根子不一定在现场,可能是管理人员工作上失误所致。因此,审核员发现不符合事实后,应借助各种信息渠道加以佐证,其中特别重要的是在审核组内进行沟通交流,互相补充印证,从而在更广阔的原背景上作出判断,这样可能更准确、更全面,从而避免由于个人视野狭窄或收集信息有限所带来的片面性。

交流,是审核中非常重要的因素,要加强审核结果的交流,包括审核组和受审核方之间的交流以及后者的确认,审核组内的交流等。

第五节　审核发现与不符合项

一、不符合项判定

不符合定义

根据 GB/T 19000—2000,不符合(或不合格)是"未满足要求"。

应当指出,本书不合格定义中所说"未满足要求"中"要求"是指下述要求:

(1) 合同条款,适用的法律法规;

(2) 职业健康安全体系标准;

(3) 职业健康安全体系文件。

二、不符合项的存在情形

不符合项是由以下任一种情况所形成的:

(1) 职业健康安全体系文件未遵照 GB/T 28001 标准的要求,即文件规定不符合标准;

(2)职业健康安全体系现状未按职业健康安全体系文件执行,即现状不符合文件规定;

(3)体系运行结果未达到预定的目标,即效果不符合目标。

三、不符合项性质的判定

不符合项可分为两类:严重不符合项和一般不符合项。分类的原则有两个,其一是不符合项情节的严重程度和造成的后果,其二是如果不纠正,会产生何种问题。

1. 严重不符合项

出现下列情况之一,即构成严重不符合项:

(1)体系运行出现系统性失效。如某一要素、某一关键过程重复出现的失效现象,例如职业健康安全问题的"常见病"、"多发病",即多次重复发生不符合现象,而又未能采取有效的纠正措施加以消除,形成系统性失效。

(2)体系运行出现区域性失效。如某一部门、场所的全面失效现象,例如某施工工地出现了物体打击、机械伤害频频发生等全面失效现象。

(3)影响体系运行的后果严重的不符合现象。

2. 一般不符合项

出现下列情况之一,即构成一般不符合项:

(1)对满足职业健康安全体系要素或体系文件的要求而言,是个别的、偶然的、孤立的性质轻微的问题。

(2)对保证所审区域的体系有效性而言,是个次要的问题。

严重不合格项和一般不合格项性质的判定,对审核结论有决定性影响,对受审核方能否维持职业健康安全体系运行有关键性作用,因此每一个审核组历来都把不合格性质的判定,作为审核中重大问题加以处理,不敢掉以轻心。

四、不符合报告

编写好不符合报告,是审核员必须掌握的基本技巧。

1. 不符合报告包括以下内容

不符合事实描述,不符合性质的判定,审核依据或不符合条款或编号,审核员签名,受审核方代表签字,受审核部门或要素。其中关键是对不符合事实的描述。

2. 对不符合事实描述的要求主要是

(1) 准确地描述观察到的事实,包括时间、地点、人物(用职务、职称而不用人名)、何种情况等。

(2) 使其有可重查性和可追溯性。

(3) 力求简明精练,抓住核心的不合格加以概括提练。

(4) 对统计数据要有分析和归纳,不要遗漏任何有益信息。

(5) 观点、结论要从描述中自然流露,不要光写结论,不写事实。

(6) 尽可能使用行业或公司的术语。

3. 不符合事实描述例举

不准确的描述:××部门少数职业健康安全的运行情况有不符合的现象。

准确的描述:2002年9月18日××项目部××安全检查发现有二个事故隐查,但未及时进行沟通。

4. 不符合报告格式(表7.5-1)。

不符合报告　　　　　　　　　　　　　　　表7.5-1

编号

受审核方		审核日期	
问题发生地点		陪同人员	

不合格事实:

审核员(签名)　　　　　受审核方代表(签名)

不符合　□GB/T 28001—2001

　　　　□公司管理手册、体系程序或其他职业健康安全管理文件

条款号____

文件号____

严重程度　□严重不合格项　□一般不合格项

续表

说明	□已在审核期间采取了纠正措施
	□未在审核期间采取纠正措施

原因分析

纠正措施

预计完成日期

　　　　　　　　　　　　制订者(签名)　　　　实施者(签名)

纠正措施评价

　　　　　　　　　　　　审核员(签名)　　　　日期

5. 有关不符合项的判断

在内审中应及时收集客观证据,并对其进行评价以判断是否有不符合项。判断的依据主要是 GB/T 28001 标准。基点是客观准确的抓住问题点,针对其寻找判断的理由。

【例1】华日建筑工程公司的安保部有关职业健康的有效法律清单是 1998 年发布的,有 16 份新发布的法规还未收入清单。

此案例的关键环节是"有 16 份新发布的法规还未收入清单",因此违反了 GB/T 28001 标准第 4.3.2 条款的规定。

【例2】审核员在现场发现正在进行天然气管道的维修工作,但经验证其重要危险源识别、风险评定、控制清单却没有相应的"管道施工有毒气体"、"天然气管道突发爆炸"的危险源识别内容。

此案例的重点是没有相应的"管道施工有毒气体"、"天然气管道突发爆炸"的危险源识别内容,违反了 GB/T 28001 标准第 4.3.1 条款的规定。

【例3】某施工安装企业现场职业健康安全管理方案中规定:

应对现场的土方作业防护进行控制,目标为"坍塌事故为零"。但是既无有针对性的措施保证,也无人员职责方面的规定。

此案例的关键是管理方案"既无有针对性的措施保证,也无人员职责的提供规定",违反了 GB/T 28001 标准第 4.3.4 条款的规定。

【例4】在食堂门口,有两桶巨毒的施工涂料,审核问及此事时,民工回答道:"上午刚从仓库领出来,还没来得及拿走,下午就送到工地"。食堂里面设置了压面机,但是一个月都未进行清理、维修、检查,该机械运转失控。施工现场大门口设置了消防栓、灭火器,审核现场观察一瓶灭火器过期,消防栓严重锈蚀。

此案例的关键是施工现场的运行控制问题较多,因此,违反了 GB/T 28001 标准第 4.4.6 条款的规定。

【例5】某建筑公司的施工作业面进行了全面安全网封闭,但安全网使用是未经认证合格产品,而高排架立面未进行封闭。审核员在现场仓库发现了一堆废报纸,其中混杂半瓶敌敌畏和半瓶稀料。公司的食堂堆放了 60 桶有毒有害的化学制品(油漆、涂料、外加剂等),在墙角又堆放了 5 个煤气罐。

此案例的问题是公司的职业健康安全管理体系的运行控制问题较多,因此违反了 GB/T 28001 标准第 4.4.6 条款的规定。

【例6】审核员在某建筑工程公司的施工现场施工作业层时,发现作业层有大于 $50cm^2$ 的洞口敞开 2 个,工地负责人解释说"这是刚刚施工完毕,还没有来得及覆盖,没太大关系"。

此案例重点的问题在于工地负责人对职业健康安全管理的意识淡薄,违反了 GB/T 28001 第 4.4.2 条款的规定。

【例7】从有关安全绩效的评估报告中,审核员发现施工现场火灾控制效果不好,员工代表和工人反映较大,但项目管理人员没有任何改进的措施。

此案例的问题点是改进措施未进行实施,因此违反了 GB/T 28001 标准第 4.5.2 条款的规定。

【例8】施工现场安装单位的起重伤害是合作方某土建工程公

司在化工厂施工的主要危险源,审核员询问其项目经理部与安装单位的安全关系时,公司安保员说有协议条款,但又未提供出来。

此案例的问题点是"协议条款未提供出来",违反了 GB/T 28001 标准第 4.4.3 条款的规定。

【例9】审核员查阅其相关方投拆记录时,发现塔吊供方抱怨项目经理部有不注意塔吊运转吊物的控制,使塔吊在垂直运输过程中经常出现超载,现场工长说关键没有这方面的规定,无法进行控制。

此案例的关键点是"没有这方面的规定",无运行程序或准则。因此违反了 GB/T 28001 第 4.4.6 条款的规定。

第六节 审核报告

在结束现场审核时,审核员应通过对审核记录的汇总整理,在多方面收集客观证据的基础上,最终确定不符合项,进行不符合项的统计与分析,并进而评价体系的有效性。由审核组长起草审核报告,并在末次会议上宣布审核结果,经管理者代表批准后正式分发给受审核方。

一、审核记录的汇总整理

1. 客观证据的记录

审核记录主要记录客观证据。客观证据有如下来源:
(1) 受审核部门的体系文件和记录;
(2) 主管领导、主管或运作人员的谈话;
(3) 现场观察结果及查证到的客观事实。

审核员应认真、详尽地记录抽样审核所得到的证据,使不符合事实的记录有可重查性。审核员在记录时,可以在检查表上记录,也可另用笔记本记录。

2. 汇总整理和评审

审核员在分析、整理审核记录的基础上,经过审核组内部评审,最终确定不符合项,并由受审核方确认不符合事实,不要求受审核方同意不符合项性质的判定,但应尽量取得协商一致。例如有时受审核方在得知审核结果后,会要求审核组减少不符合项数,或者表示立即整改,希望已整改部门不要作为不符合项处理等。一般审核组应坚持原来的审核结果。可以分为以下三种情况处理:

(1) 同一性质的偶然性的一般不符合项可适当合并;

(2) 对性质更为轻微的不符合事实,虽不开具不符合报告,但可集中写成备忘录或观察项,要求受审核方一并采取纠正措施加以整改,但审核组无需跟踪验证;

(3) 一般不符合项如已整改,可注明整改情况,但仍然应开具不符合报告,以对体系的运行情况作出客观评估。

二、职业健康安全体系有效性评价

根据审核记录的汇总整理,审核员应对受审核方职业健康安全体系的有效性作出评价。

1. 评价依据

评价依据来自审核中发现的客观证据。

2. 不符合项的统计与分析

包括:

(1) 不符合项的数量统计;

(2) 不符合项性质情况统计;

(3) 不符合项统计分析;

(4) 在体系要素中分布。

3. 在各部门中分布

不符合项统计分布可以绘成表 7.6-1。从表 7.6-1 可知一共发现 13 项一般不符合项。按部门分布,安检部最多共 3 项,一项目部 2 项,其他部门(管理部、办公室、经营部、技术部、二项目部)各一项;按要素分布,4.3.1 最多共 4 项,其次是 4.4.5 文件的控制共 2 项,其他如 4.4.6,4.5.1,4.5.2,4.5.3,4.4.7,4.3.3,4.3.

4,各1项。不符合项最多与较多的部门和要素应是重点整改对象。虽经审核但未发现不符合项的部门(材料部、三项目部等)和要素(如4.4.2,4.3.4,4.4.1,4.5.4)则属于OHSAS体系运行比较好的部门。

表7.6-1是一种反映不符合项分布的矩阵表,其主要作用是提供简单统计所不能提供的信息:发现体系运行的薄弱环节(部门、要素),发现系统性、区域性失控。

某公司职业健康安全管理体系审核不符合项分布表　　表7.6-1

受审核部门 体系要素	管理部	办公室	安保部	材料科	技术部	工程部	设备部	一项目部	二项目部	三项目部	四项目部	合计
4.1												
4.2												
4.3.1												
4.3.2			△									1
4.3.3		△			△							2
4.3.4												
4.4.1												
4.4.2												
4.4.3						△		△			△	3
4.4.4			△									1
4.4.5			△									1
4.4.6			△									1
4.4.7								△				1
4.5.1												
4.5.2												
4.5.3												
4.5.4	△											1

续表

受审核部门 体系要素	管理部	办公室	安保部	材料科	技术部	工程部	设备部	一项目部	二项目部	三项目部	四项目部	合计
4.6												
合计	1	1	4		1	1		2			1	11

注：职业健康安全管理体系认证标准为 GB/T 28001—2001。△为一般不符合项。

4．评价项目

(1) 内部 OHSAS 体系审核

主要指受审核方是否形成了内审机制，自身是否有能力发现体系中不符合项并能积极加以整改，自我完善。

(2) 纠正措施和实施

主要指受审核方对所出现的不合格品和体系中不符合项是否能重视，在分析产生原因的基础上积极采取纠正措施，并加以实施，有关归口管理部门是否认真进行纠正措施的追踪和验证。

(3) 管理者和员工的态度

主要指受审核方高层管理者和广大员工是否认真学习 OHSAS 标准并积极参与职业健康安全管理体系的策划和实施，对贯彻 GB/T 28001 标准采取正确态度，持之以恒，锲而不舍，用绩效说话，用事实说话。

5．有效性评价

对受审核方职业健康安全体系有效性可从四个方面评价：

(1) 文件化体系对于体系标准的符合程度。

(2) 文件化体系的实施程度；特别是职业健康安全目标的实现程度及绩效等。

(3) 体系实施的有效程度，包括：

1) 特定领域的优点/缺点（按部门描述）；

2) 特定要素的优点/缺点（按要素描述）。

(4) 建立和实施自我发现和改进体系运行问题的机制情况

(内审、管理评审、纠正和预防措施)。

三、审核报告

审核组进行了审核记录的汇总整理和职业健康安全管理体系符合性和有效性评价以后,审核组长可开始着手编写审核报告,审核报告包括以下内容:

1. 审核项目编号。
2. 受审核方基本情况。
3. 审核目的。
4. 审核范围。
5. 审核依据的标准和体系文件。
6. 审核组成员名单。
7. 审核过程综述:
(1) 审核分工;
(2) 抽样工作量;
(3) 审核计划及执行情况。
8. 不符合项统计与分析:
(1) 不符合项统计(数量、主次);
(2) 特定领域的优点/缺点(部门);
(3) 特定要素的优点/缺点(要素)。
9. 评价:
(1) 文件化体系对体系标准的符合程度;
(2) 文件化体系的实施程度;
(3) 体系实施的有效程度;
(4) 发现和改进体系运行问题的机制状况。
9. 结论:
(1) 体系基本符合要求;
(2) 体系存在严重问题,应进行全面整改;
(3) 建议的改进措施。

第七节 末次会议与审核的结束

末次会议是现场审核的结论性会议,是审核组报告审核结果和审核结论的会议。末次会议标志着现场审核活动的结束。

一、末次会议的目的

(1) 审核组向受审核方的高层管理者说明审核情况,以使他们能够清楚地理解审核结果。
(2) 宣布审核结果和审核结论。
(3) 提出纠正措施的追踪和监督审核要求。
(4) 宣布结束现场审核。

二、末次会议内容

末次会议由审核组长主持。末次会议通常包括以下内容:

1. 与会者签到

审核组和与会的受审核方人员分别在规定的记录上签到。

2. 感谢

审核组长宣布末次会议开始,并以审核组名义感谢受审核方的配合和支持,终使审核顺利完成。

3. 重申审核目的和范围

尽管在首次会议上已经申明审核目的和范围,但是参加末次会议的人员未必都参加过首次会议,再说末次会议具有总结性质,重申审核目的和范围,说清楚审核的来龙去脉是有益的。

4. 宣布审核结果(包括不符合报告)

审核组长应宣布审核观察结果,即不合格项情况。不符合项报告也可分别由审核员宣讲。如果被审核方有异议,可待不符合报告宣读完毕后再提问题以使受审核方与会人员对所有不符合项有个全貌认识。

5. 总结

审核组长应对受审核方的职业健康安全管理体系有效性作出基本评价,这是根据不符合项的统计和分析得所出的逻辑结论,特别是指明职业健康安全管理体系运作中的薄弱环节和重点问题。

6．说明抽样的局限性

审核组长应说明职业健康安全管理体系审核是一种抽样活动,带有一定的风险性和局限性:发现不符合项的部门未必是惟一的部门,其他有不符合项的地方未必被查到。审核只对样本负责。但审核组力求使审核结果公正、客观和准确,要求被审核方举一反三,改进职业健康安全管理体系。

7．遵守保密承诺

审核组长应再次对保密进行承诺,包括保守审核秘密。

8．澄清

应让受审核方有机会提出对于不符合项的意见,包括某些措词修正。审核组在可能情况下应表现一定灵活性,接受可以接受的意见。

9．宣布本次审核的结论

10．纠正措施要求

审核组长应提出对纠正措施要求,包括时间和追踪验证或监督审核方式的要求。

11．受审核方领导表态

在末次会议上受审核方领导可就审核结论和纠正措施要求作简短表态,适当说明今后的打算。

12．末次会议结束

当末次会议所有议程已结束,受审核方没有任何异议时,审核组长可宣布末次会议结束。

第八节　审核的后续活动及纠正措施的跟踪与验证

审核的后续活动是在末次会议结束之后所进行的一系列跟进

活动。主要工作是纠正措施的跟踪与验证。

一、纠正措施的跟踪与验证要求

纠正措施的跟踪是职业健康安全体系审核的重要阶段,其原则是:

1. 所有在审核中发现的不符合项,必须由受审核方切实采取纠正措施,形成闭环,方可结束跟踪验证。

2. 根据不符合项的性质或程度,可采用不同的纠正措施跟踪验证方式:

(1) 对受审核方再次组织部分要素的现场审核以检查纠正措施的效果——这适用于严重不符合项或只有到现场才能验证的一般不符合项的纠正措施跟踪;

(2) 受审核方提交纠正措施的实施记录,审核员据此进行验证其是否已完成——这适用于程度轻微的一般不符合项的纠正措施追踪。

二、审核双方在纠正措施跟踪与验证上的责任

纠正措施的跟踪是审核人员和受审核方的共同责任,双方应密切合作,协同配合。

1. 审核人员的责任:

(1) 确认不符合项;

(2) 提出纠正措施要求(含实施期限);

(3) 进行纠正措施的跟踪验证。

2. 受审核方的责任:

(1) 分析不符合项的原因;

(2) 确定和实施纠正措施;

(3) 验证完成的纠正措施;

(4) 认真记录,不断改进职业健康安全管理体系。

三、纠正措施的跟踪与验证实施

纠正措施的追踪与验证按如下程序进行：

1. 审核期间审核人员确认不符合项；
2. 审核人员向受审核方提交不符合报告并提出纠正措施要求；
3. 受审核方签字认可不符合项，并提出纠正措施计划；
4. 审核人员评价认可；
5. 受审核方实施和完成纠正措施；
6. 审核人员对纠正措施完成情况进行验证；
7. 审核人员对纠正措施实施结果作出判断；
8. 全过程做好记录；
9. 提交纠正措施跟踪验证报告；
10. 纠正措施跟踪验证报告内容可以写入最终审核报告，也可以作为审核报告的附件。

第八章 施工企业职业健康安全管理体系文件典型案例

第一节 施工企业职业健康安全管理手册编制要点

职业健康安全管理手册

颁 布 令

为实现职业健康安全方针和目标,满足员工的需求、期望和持续改进,向顾客和相关方提供合格产品和满意的服务,公司依据GB/T 28001—2001(OHSAS 18001:1999)职业健康安全管理体系标准要求,制定了《职业健康安全管理手册》,阐述了公司的管理方针,并具体描述了公司职业健康安全管理体系,现予以发布。本《职业健康安全管理手册》从发布之日起执行。

总经理:×××
×年×月×日

任 命 书

GB/T 28001:2001是科学有效的职业健康安全管理体系。经研究决定,任命×××同志为管理者代表,负责职业健康安全管理体系的建立、实施、运行和持续改进工作。

总经理:×××
×年×月×日

施工企业职业健康安全管理手册编制要点

1 适用范围

本手册是公司职业健康安全管理和保证的纲领性文件,确定了公司职业健康安全的方针,阐述了管理体系。

本手册适用于公司管理的全部过程。

2 引用标准

GB/T 28001—2001 职业健康安全管理体系 规范

国家职业健康安全法律法规及标准

3 术语和定义

3.1 顾客满意

顾客对某一事项以满足其需求和期望程度的意见。

3.2 能力

公司体系的运行或过程实现产品或相关要求并使其满足要求的本领。

3.3 管理体系

建立管理方针和管理目标并实现这些目标的相互关联或相互

作用的一组要素,包括为制定、实施、实现、评审和保持管理方针所需的组织机构、规则活动、职责、惯例、程序、过程和资源。

3.4 职业健康安全管理体系审核

客观地获取审核证据并予以评价,以判断组织的管理体系是否符合所规定的管理体系审核准则的一个以文件支持的系统化验证过程,包括将这一过程的结果呈报管理者。

3.5 管理

指导和控制组织的相互协调的活动。

3.6 有效性

完成策划的活动并达到策划的结果程度的度量。

3.7 过程

使资源将输入转化为输出的活动系统。本公司的工序也是过程。

3.8 服务

无形产品,在供方和顾客接口处完成的至少一项活动的结果。

3.9 可追溯性

追溯所考虑对象的历史、应用情况所处场所的能力。

3.10 不合格(不符合)

未满足要求。

3.11 预防措施

为消除潜在的不合格或其他潜在不期望情况的原因所采取的措施。

3.12 纠正措施

为消除已发现的不合格或其他不期望情况的原因所采取的措施。

3.13 验证

规定要求已得到满足的客观证据的认定和提供。

3.14 评审

为确保主题事项的适宜性、充分性、有效性和效率,以达到规定的目的所进行的活动。

3.15 顾客

接收产品的组织和个人(建筑行业称之为甲方,建设单位、业主等称谓)。

3.16 组织

权限和相互关系得到有序安排的一组人员及设施,具有自身职能和行政管理的企业、事业单位或社团。本手册特指公司及公司的相关层次和部门。

3.17 产品

活动或过程的结果。

3.18 投标

组织应邀作出的满足招标文件要求的响应性文件。

3.19 合同

供方和顾客之间以任何方式传递的、双方同意的、符合法律要求的约定。

3.20 供方

为本公司提供产品的组织或个人即分承包商。

3.21 相关方

关注组织的管理状况或受其影响的个人或团体。

3.22 事故

造成死亡、职业病、伤害、财产损失或其他损失的意外事件。

3.23 重大事故

造成重大死亡、职业病、伤害、财产损失或其他损失的意外事件。

3.24 危险源

可能导致伤害或疾病、财产损失、工作环境破坏或这些情况组合的根源或状态。

3.25 重大危险源

可能导致重大伤害或疾病、财产损失、工作环境破坏或这些情况组合的根源或状态,即重大危险源。

3.26 不可接受风险

企业根据法律义务和职业健康安全方针,未将风险降至可接受的程度。

3.27　事件

造成或可能造成事故的活动。

3.28　重大事件

造成或可能造成重大事故的活动。

3.29　危害辨别

识别危害的存在并确定其性质的过程。

3.30　安全目标

组织制定的激发员工安全表现行为,并预期必须要达到的职业健康安全工作目的、要求和结果。

3.31　职业健康安全

影响作业场所内员工、临时工、合同工、外来人员和其他人员安全健康的条件和因素。

3.32　风险

特定危险事件发生的可能性与后果的结合。

3.33　风险评价

评价危险程度并确定其是否在可承受范围的全过程。

3.34　安全

免遭不可接受危险的伤害。

3.35　可接受的风险

企业根据法律义务和职业健康安全方针,将风险降低至可接受的程度。

3.36　"三宝"

指安全帽、安全带、安全网。

3.37　"四口"

指楼梯口、电梯口、预留洞口、出入口。

3.38　"五临边"

尚未安装栏杆的阳台周边;无外架防护的屋面周边;框架结构楼层周边;斜道两侧边;卸料台的外侧边。

3.39 基坑支护

指采取技术措施对基坑边坡的土方进行控制,防止土方坍塌。

3.40 特殊岗位

对管理体系产生重大影响或不可接受结果的作业岗位。

3.41 关键岗位

管理体系中监督检查的作业岗位。

3.42 一般岗位

除特殊岗位和关键岗位以外的作业岗位。

4 职业健康安全管理体系

4.1 "总要求" 应注意编写以下内容:

4.1.1 本公司的产品为工业与民用建筑,其特点为产品的固定性和生产流动性、产品的多样性和生产的单件性、产品的生产协调性;同时建筑产品的体积庞大,具有生产周期长、产品的委托生产性、产品的生产连续性、产品的时代性和社会性等特点。本公司围绕上述产品特性,通过识别过程危险源及相关影响,科学地建立职业健康安全管理体系。

4.1.2 公司为了稳定地提供顾客要求的工程产品,首先利用各种方法对建立管理体系所需的全过程加以识别,以确定这些过程所需的输入、输出及所需开展的活动、不同的过程相对应的不同的危险源和风险。

4.1.3 公司通过识别这些过程,对过程中的危险源进行识别、评价、确定重大危险源,以便得到有效控制。

4.1.4 公司对过程的输入、输出及开展的活动和投入的资源做出明确的规定,给出危险源控制与管理的准则和方法,包括各种管理方案和作业指导书。

4.1.5 公司通过获得充分和必要信息,并通过对信息的判定而实现对各施工过程危险源的监控。

4.1.6 通过对过程信息的测量(包括对输入活动和输出结果的测量)结果的分析,对重要危险源及其风险进行控制。

4.2 "职业健康安全方针" 应注意编写以下内容:

职业健康安全方针见 4.2.5。

公司总经理为公司的最高管理者,总经理应通过如下活动,对管理体系的建立实施和改进作出承诺,并提供证据:

4.2.1 向公司的全体员工传达在国家法律、法规和行业管理的规程规范要求下,科学管理,精心施工,交付符合要求的合格产品,创出优良产品和良好的职业健康安全绩效,满足顾客要求的重要性。

4.2.2 制定出符合本公司实施和运作的职业健康管理方针和管理目标,并使全体员工认同和理解此管理方针和目标经努力是实际可行的,这个目标要适应公司的发展和相关方的要求。

4.2.3 为了确保管理体系的运作和持续改进,公司应确保获得必要的资源,如人力、材料、信息等。

4.2.4 以顾客为关注焦点,关注相关方要求

(1) 公司的最高管理者以实现顾客满意为目标,运用管理手段,使公司的全体员工了解顾客的期望,并通过自己有效的工作,使顾客的要求得到满足。

同时公司的最高管理者亦关注相关方的要求,在符合法律法规的条件下,对相关方的要求予以满足。

(2) 识别顾客及相关方明确或潜在的需求和要求,并及时传递到公司内部各相关部门。

(3) 在符合法律法规要求下满足顾客及相关方要求,确保实现公司的管理目标和管理方针。

4.2.5 职业健康安全管理方针

公司的职业健康安全方针是:

施工安全为主,隐患预防第一,坚持遵纪守法,不断持续改进。

公司在施工生产过程中将以此方针为基础,实施对员工和相关方的承诺。

4.3 策划 编写要点

4.3.1 危险源的识别、风险评价及风险控制的策划,应注意编写以下内容:

执行《危险源识别与评价管理程序》。

对公司范围内及项目施工过程中的危险源进行识别、评价，以使在公司内部管理及施工过程中对职业健康安全具有或可能具有重大影响的危险源得到有效控制。

识别危险源的原则：

危险源的范围必须覆盖公司施工过程中所有活动、产品或服务的各个方面。

危险源识别应考虑风险的范围、性质和时限性三个方面的特点，为危险源的风险评价提供条件。

结合建筑业的特点，危险源的主要类型为：

(1) 高空坠落；
(2) 触电；
(3) 与工具、材料搬运有关的危险源；
(4) 物体打击；
(5) 机械伤害；
(6) 火灾和爆炸；
(7) 坍塌、倒塌。

公司安保部门通过调查表的方式，组织识别危险源，并进行评价，确定具有不可接受风险的危险源(重大危险源)，建立台账。安保部门及项目部应结合风险评价，同步进行风险控制措施的策划，如找不到相应的措施，则应停止相关的运行活动。

管理者代表负责审批重大危险源清单。

当施工过程中的活动或服务发生较大变化以及法律及其他要求更新时，应及时对危险源进行补充识别，评价并确定新的重大危险源，及时更新。

4.3.2 "法律法规和其他要求"应注意编写以下内容：

执行《法律、法规和其他要求管理程序》，确保公司从各种渠道及时获取最新的法律、法规和其他要求，以便使公司及项目施工过程中所有活动、产品、服务行为符合法律、法规及其他要求。

安保部门负责获取、确认法律、法规和其他要求。

公司各部门、项目部获得的国家、地方及行业法律、法规,应及时传递给安保部。

安保部门负责建立适用的"法律、法规及其他要求清单",并通过媒体或主动沟通的方式及时跟踪法律、法规及其他要求的变化,对"法律、法规及其他要求清单"进行动态管理。

4.3.3 "职业健康安全管理目标"应注意编写以下内容:

公司依据以下要求,制定职业健康安全管理目标:

(1) 公司的职业健康安全方针;

(2) 国家、地方、行业与职业健康安全管理有关的法律、法规;

(3) 员工和相关方的要求。

项目部根据公司确定的目标,结合工程的特点和具体要求,制定本项目部的目标,经项目经理批准后,制定相应的管理方案予以贯彻。

职业健康安全管理目标应以文件的形式发布。

4.3.4 职业健康安全管理方案应注意编写以下内容:

为保证公司职业健康安全目标的实现,针对重要危险源,制定《职业健康安全管理方案》。

职业健康安全管理方案的内容主要包括:

(1) 重大危险源及其风险的特征;

(2) 管理的目标;

(3) 技术措施;

(4) 方案实施时间表;

(5) 责任部门和人员。

公司范围内经评审职业健康安全管理绩效差(或风险大)的危险源,应统一制定管理方案。公司职业健康安全管理方案由安保部门组织制定,经管理者代表审批后实施。

项目部依据工程特点和职业健康安全管理目标,制定本项目的职业健康安全管理方案,经公司技术部、安保部审批后实施。

项目部根据工程特点、施工阶段和环境情况对职业健康安全管理方案执行情况进行自查,公司安保部门定期对项目部进行检查。当发现措施不当或产生新的危险源时要修订管理方案,并经原审批人审批后实施。

4.4 实施与运行编写要点

4.4.1 结构和职责应注意编写以下内容:

公司组织机构(略)。

主要人员及部门职责如下。

(1) 总经理

对企业的安全工作负最终责任;

主持制定质量、环境、职业健康安全方针,颁发企业手册,对企业管理体系的建立、完善、实施、运行负决策责任;

定期组织管理评审;

确定各岗位、职能部门的职能和权限,向顾客提供承诺,并提供相应的资源;

任命管理者代表;

负责审批管理目标和分解目标,保证实现目标和指标的资源提供;

审批《手册》和《管理评审报告》。

(2) 管理者代表

由公司总经理负责,直接向总经理报告职业健康安全管理体系运行情况,是企业职业健康安全的代表者;

负责贯彻和实施公司管理方针与管理目标,组织建立和完善公司管理体系,组织内部管理体系审核,对管理体系持续有效运行负责;

负责每年组织安排不少于一次的内部审核,并接受顾客和认证机构进行体系审核;

负责程序文件和有关部室制定的体系性文件的审批和内部审核计划的审批;

负责管理评审的组织和实施;

审批重大危险源清单。

(3) 员工代表

由工会主席担任；

对全体员工负责,直接向管理者代表或总经理反映职业健康运行的情况,反映员工的意见；

了解员工及相关方对安全的满意度,及时沟通并提出有关建议。

(4) 主管项目副总经理

协助总经理贯彻实施公司管理方针、管理目标,审批主管项目经理部的外发文件；

负责对所主管项目经理部的工作进行监督检查,对项目部的管理体系有效运行负领导责任；

对所主管项目经理部的职业健康安全负领导责任；

组织、指导主管部门管理体系工作；

参与定期的职业健康安全检查工作；

参加公司管理评审会议。

(5) 主管生产副总经理

协助总经理贯彻实施公司管理方针、管理目标；

负责公司整体施工计划的制定,落实相应的资源；

对项目部施工计划及管理体系文件的执行情况进行监督检查,对工程管理系统工作负领导责任；

组织、指导主管部门管理体系工作；

参与定期的职业健康安全检查工作；

参加公司管理评审会议,提出改进的建议。

(6) 主管物资供应副总经理

协助总经理贯彻实施公司管理方针、管理目标；

负责对物资供应情况进行监督检查,对物资供应系统的工作质量、环境、安全负领导责任；

对忽视物资供应职业健康安全及违反有关规定的人员有处罚权；

组织、指导主管部门的管理体系工作；

参加公司管理评审会,提出改进的建议。

(7) 主管设备副总经理

协助总经理贯彻公司管理方针及管理目标；

负责对施工机械设备系统的工作进行监督检查,对机械设备系统的职业健康安全负领导责任；

组织指导主管部门的管理体系工作；

参加公司管理评审会议,提出改进建议。

(8) 总工程师

协助总经理制定实施公司管理方针、管理目标；

对管理目标指标、管理方案的实施情况进行监督检查,对忽视职业健康安全的做法及违章作业,有权令其返工或停工整改；

负责工程技术管理,并对本系统工作质量负责；

组织贯彻执行国家及××市有关技术标准、规范、规程及各项管理制度。负责重大安全技术方案的审批。

(9) 总会计师

领导企业财务管理,监督核算工程项目财务成本,对财务系统的职业健康安全负责；

为实现企业管理方针、管理目标提供必要的资金保证；

按照合同要求进行成本管理；

参加公司管理评审会议,提出改进的建议。

(10) 总经济师

参与经营决策,负责对经营管理系统的职业健康安全负责；

依据市场动态,争取优质优价和合理工期,提供较宽松的经济合同环境；

组织工程投标与合同评审；

组织、指导主管部门的管理体系工作；

负责与顾客沟通,了解顾客要求并主持合同评审及协调评审工作；

负责预算、结算的管理工作；

策划、考核管理体系的经济效益；

参加公司管理评审会议,提出经营管理的建议。

(11) 经理办公部门

贯彻公司管理方针和管理目标,指导、处理、协调、监督各职能部门行使职责、职能;

负责管理体系认证的上报、迎检工作,做好认证后的管理工作;

负责制定《文件管理程序》,并组织实施;

负责基础设施和资源的配置;

负责对公司职业健康安全活动有关的行政文件、外来文件的控制管理。

(12) 经营部门

在经营部副总经理领导下编制承建工程概、决算,负责招投标工作;

负责合同管理工作,主管工程洽商、工程变更和工程索赔工作;

制定《与顾客及相关方有关的过程管理程序》,并组织顾客及相关方有关要求的评审实施工作;

贯彻落实国家基本建设方针、政策、遵循法律、法规标准;

监督合同条款执行,满足顾客要求。

(13) 质检部门

在总工程师领导下负责单位工程质量证定,核定基础、主体分部工程质量,参与重要工程质量隐检、预检、结构工程验收,组织工程质量抽检、联检,参加重大安全问题的调查分析,协助检查落实整改情况。

(14) 工程部门

在生产副总经理领导下,负责施工过程控制,包括审批、落实年、月生产计划,并负责考核计划的完成情况;

负责制定《工程分承包方管理程序》并组织实施,负责分承包方施工队伍管理工作,包括分承包方的职业健康安全控制管理。

(15) 技术部门

在总工程师领导下,负责施工技术管理工作。包括:编制投标施工组织设计和承包工程施工组织设计、特殊工程施工方案及技术措施、三新技术(新工艺、新技术、新材料)的应用推广计划,季节性施工总体方案的编制。

在管理者代表领导下,负责职业健康安全管理体系审核的具体组织工作。

(16) 物资供应部门

在物资供应副总经理领导下,负责材料计划统计、材料采购供应、仓储管理及指导监督施工现场材料管理工作;

负责组织对材料分承包方的考察与评定,发布相关的合格分承包方名册,保管合格分承包方档案;

贯彻国家有关法律、法规及政策;

负责物资系统职业健康安全的管理工作。

(17) 设备部门

在设备副总经理领导下,负责机械设备的计划、统计、采购、调配、维护、保养;

负责组织对机械供应商、承租方的考察与评定,发布合格分承包方名册,保管合格分承包方档案;

负责机械设备维护、保养计划的制定,并组织实施,确保机械设备使用中处于良好技术状态,满足环保和安全要求;

负责机械设备的技术和档案管理;

负责机械设备更新改造计划的编制工作;

负责设备使用的安全的管理工作;

负责制定《施工机械设备安全管理程序》并组织实施。

(18) 安保部门

贯彻执行国家有关职业健康安全的法律、法规及政策;

负责制定《危险源识别与评价管理程序》并组织实施;

负责制定《法律、法规及其他要求的管理程序》并组织实施;

负责职业健康安全运行的指导、监视和管理工作。

(19) 财务部门

负责对管理体系的实施提供资金保障;

负责项目成本核算和成本跟踪管理。

(20) 项目经理部

在总经理和主管副总经理领导下,对所承包的施工全过程负直接责任;

认真贯彻执行公司管理方针、管理目标、具体实施管理体系要素和程序文件,全面有效控制工程职业健康安全;

建立健全项目管理保证体系并有效进行;

执行合同条款,满足相关方要求,确保工程管理达到预期目标;

负责分承包方的监督管理工作;

贯彻执行国家有关政策、法律、法规、标准和公司管理方针及程序文件。

(21) 项目经理

对承包的工程质量负全面责任,建立和完善施工项目质量保证体系,明确各类人员质量职责;

实施项目施工组织设计(或质量计划);

针对工程项目,具体落实公司管理体系文件;

定期组织工程管理体系检查,保证管理体系的正常运行;

认真贯彻执行国家有关政策、法规、规范、标准和公司管理方针及程序文件;

全面负责项目的质量、进度、产品控制、环境保护、职业健康安全要求,实现对顾客和相关方的承诺;

负责对顾客要求的具体落实工作,合理策划并组织项目资源,不断改进项目管理体制体系,确保目标、指标的实现;

负责组织本项目部危险源的识别、更新工作;

负责组织项目部的职业健康安全管理方案的制定。

(22) 项目技术负责人

组织编制分项工程施工方案、职业健康安全管理方案;

监督施工过程中各类人员履行职业健康安全的职责,及时向项目经理报告工作;

负责新材料、新技术、新工艺的工程技术交底的编制与实施；

协助项目经理对工程安全进行控制、管理和监督，主持对工程管理体系的定期检查、评定和改进；

指导监督施工现场各类人员做好记录。

4.4.2 "培训、意识和能力"应编写如下内容：

（1）总则

公司根据国家、地方、行业关于人员任职资格的管理规定和企业需要，规定各岗位人员的任职资格，并对其业绩进行考核，以确保其能够胜任本职工作。

（2）能力、意识和培训

公司制定《能力、意识和培训管理程序》，由人力资源部组织实施。

公司从事管理的人员应有相应的能力，对其能力的评价要从教育、培训、技能、经验、业绩方面进行判断，同时根据公司发展规划、管理评审结果、业绩考核结果，拟定公司年度培训工作计划，使各级作业人员和管理人员的职业健康安全的意识增强，综合能力达到规定标准要求。

4.4.3 "信息交流"应编写如下内容：

体系文件是职业健康安全管理体系运行的依据，可以起到沟通意图和统一行动的作用。公司的管理体系文件包括：

（1）向公司内部和外部提供关于公司职业健康安全管理体系整体信息的文件，即职业健康安全管理体系手册。

（2）公司提供如何完成职业健康安全风险管理的操作性文件，即程序文件。

（3）公司针对职业健康安全管理体系如何应用于某一具体工程产品、项目或合同而编制的文件，即施工组织设计、质量计划、安全施工方案、作业指导书、职业健康安全管理方案、技术及安全交底。

（4）其他相关技术性、管理性文件和与职业健康安全相关的行业规定、法律法规等。

(5) 对所完成的活动或达到的结果提供客观证据的文件,即记录,包括职业健康安全管理体系运行所需要的证据资料。

公司规定文件的内容和范围应满足合同、法律、法规要求,以及顾客和相关方的需求,并与公司管理方针相适应。

为便于有效沟通,公司就文件的制定、使用和控制进行了规定,制定了《文件管理程序》,以确保公司的管理规范化、标准化、程序化,使公司的职业健康安全保证能力不断地持续改进,得到完善和提高。

4.4.4 文件化应编写以下内容:

(1) 公司《职业健康安全管理手册》(以下简称《手册》)包括全部 GB/T 28001—2001《职业健康安全管理体系 规范》的要素要求。如有质量环境管理体系时,则应明确其文件的接口要求。

(2) 公司为职业健康安全管理体系运行编制了文件化的程序,编制程序文件 18 个,作业指导书 3 个。同时在本手册后面附有文件检索清单。

4.4.5 文件和资料控制应编写如下内容:

与职业健康安全管理体系运行有关的文件均须得到控制。受控文件包括:《手册》、程序文件、职业健康安全管理作业文件、相关的法律法规等。

文件的管理和控制执行《文件管理程序》。

(1) 批准

公司自拟文件,按照《文件管理程序》规定的审批权限,由有权人员审批后,方可发布、实施。

(2) 更改

当文件需要更改时,应由编制人提出更改的理由,必要时,可由原审批人组织相关人员进行评审,根据需要进行更改。更改的文件须得到重新审批。

《手册》、程序文件在使用期间发现问题,由各职能部门、项目经理有关负责人收集修改意见或建议,及时反馈到经理办公室,经公司管理者代表批准,向有关部门下达修改指令。修改后由原审批人签字批准,正式发布实施。

《手册》、程序文件未经公司管理者代表授权,任何人不得随意进行更改,未经批准的任何更改均属无效。

发生下列情况时,应酌情对《手册》和程序文件进行更改或换版:

1) 公司的组织机构发生较大调整时;
2) 手册编制所依据的标准进行了修改时;
3) 实际使用中发现存在较严重的缺陷或难以操作时;
4) 经管理评审确定修改时;
5) 经第三方体系审核后要求修改时;
6) 当文件的局部更改超过7次以上时。

《手册》、程序文件更改由经理办公室资料员统一收回更改换页。

《手册》、程序文件换版时,应按原版本的发放记录收回旧版文件,分发新版文件。

文件的更改应保存修改记录。

(3) 标识

受控文件必须加盖文件标识章,并编号。发放和回收要办理签收、登记手续。

需要作为资料存档的作废文件,需加盖"作废"标识章,以避免误用。

合订本的规范、规程、法律、法规等,当其中有部分文件作废时,由文件持有人按照公司技术部、安全部的通知,加盖"作废"标识章。

(4) 文件的发放

受控文件的发放须填写文件发放记录。履行领用、登记手续。

公司自拟受控文件按照使用需要发放,确保在需要的场合均得到有关的有效版本文件。

上级下发的有关管理文件,按照业务管理范围,由主管副经理签署意见,办公室根据要求复印,以受控文件下发至相关人员。

外来文件的管理与内部受控文件同等对待。有关音像多媒体文件也需进行编号受控管理。

4.4.6 "运行控制"应编写如下内容：

(1) 技术部负责制定《职业健康安全运行管理程序》并组织实施。

(2) 技术部和项目经理部根据合同要求和工程特点编制施工组织设计,项目部负责组织实施。

1) 工程部制定生产计划,定期检查计划执行情况;文明施工管理执行国家和当地有关规定要求,由工程部组织实施。项目经理部质检员负责各项检验、检查工作,并做好记录。

2) 对于冬雨季施工期间有关施工方案由项目部负责编制执行,确保施工企业健康安全要求得到有效控制。

3) 公司各主管部门每月不少于一次,对项目部的职业健康安全的控制进行检查。

4) 对焊接、防水施工、混凝土浇筑、桩基处理等特殊工程的控制,要由专业人员按批准的施工方案进行作业;配备相应的作业条件,并及时予以确认,需要时进行再确认。

(3) 为防止在实施过程中产品的混淆和误用,以及实现必要的产品追溯,必须利用适宜的标识方法予以控制。

1) 项目经理部针对测量和监视要求,对产品的状态进行标识,在有可追溯性要求时,应控制和记录产品的惟一性标识。

2) 对油库等应急准备和响应的重点场所要作明显的标识。

3) 在施工、安装和交付过程中,如有标识移动的情况,应按规定的方法、手续进行必要的标识位移。

(4) 顾客财产

1) 项目部对顾客提供的材料、设备、文件等均应予以记录并及时保存,有问题尽快与顾客联系以取得沟通。

2) 顾客提供的物资有关影响有关环境、危险源的执行相关程序文件。

(5) 搬运、储存、包装、成品保护

1) 技术部负责制定《产品标识可追溯性、搬运、储存、保管程序》，工程部及项目部负责组织实施。

2) 在搬运过程中，物资进货安装过程中采用适当的运输工具和方法保证物资不损坏、不污染。

3) 物资供应部和项目经理部根据物资的特性，妥善地储存并定期检查，以防损坏和变质。

4) 易燃、易爆、油品及化学品应储存在专用仓库，储存、使用和保管设专人管理，对库房定期检查。易燃、易爆、油品及化学品应防止泄漏。

对各种易燃、易爆、油品及化学药品的废弃物，应在现场规定位置存放，定期对其回收或处理，防止环境污染。现场机油防止跑、冒、滴、漏，油漆油料库、化学材料库及其作业面发生泄露、遗洒时，应及时采取措施清理干净，防止污染土地，影响人体健康。

5) 项目经理部在施工和交工过程中对已完成的产品采取适当的防护和隔离措施，保证检验合格的产品不被损坏和污染。

6) 明确保护产品的措施、内容、责任，以满足合同需求。

7) 有关影响有关环境、危险源的执行相关程序文件。

(6) 物资供应部门对分承包方的业绩或管理体系进行调查评价，按程序要求进行评选，审批和发布合格分承包名册(仅限于提供工程所需物资的分承包方)建立合格分承包方名册档案，采取动态管理方式，对分承包方进行控制。

(7) 采购按程序要求进行，采购计划由物资供应部主任审批后，从合格分承包名单中选优采购。采购的资料要齐全有效。

1) 采购材料的验证按《产品监视和测量管理程序》执行。

2) 工程分承包方及试验室采购：

A. 工程部门负责制定《工程分承包方管理程序》，并组织实施。

B. 技术部门负责对试验室分承包方进行调查、评价、建立合格分承包名册，并经领导批准。

C. 工程部门负责对桩基、护坡、降水、防水、土方等分承包方进行调查、评价、建立合格分承包商名册,并经领导批准。

D. 对分承包方进行动态管理,包括职业健康安全管理情况,有违规现象的,从名册删除,符合规定的经评审后予以保留。

3) 施工设备采购:

A. 设备部门负责制定《施工机械设备安全管理程序》并组织实施。

B. 设备部门负责对机械分承包(含设备租赁)供应商进行调查、评价,建立合格分承包商名册。

C. 设备部门依据供应商信誉高、产品性能好、故障频率低的原则进行采购。

D. 设备部门负责施工机械的检查、维修、保养工作。

E. 设备部门对机械供应商实行动态管理。

F. 设备部门对施工机械运行进行检查,保证职业健康安全的符合性。

(8) 保持运行控制,使公司不可接受风险有关的活动、产品、服务得到有效控制,并逐步加大对相关风险的重要职业健康安全行为的影响力度。

(9) 对重要危险源有关的活动、产品、服务进行有效控制,确保其在规定的条件下运行,使其不致偏离职业健康安全方针和目标。

(10) 针对重要危险源,项目经理部应制定安全管理方案,这些管理方案作为程序文件的补充和有针对性的工作策划;对一般危险源,通过法律、法规及其他要求和日常的检查进行控制。

(11) 管理方案内容要求:

1) 明确实现的目标和指标,确定重要环境因素或不可接受危险源的特性;

2) 制定具体措施,并具有可操作性;

3) 明确责任单位或人员;

4) 写明完成的时间、进度,并落实资金。

(12) 管理方案由编写人负责交底,并监督执行;一般方案由项目部负责制定,项目经理审批;重大方案由公司统一编制,总工程师审批。

(13)项目经理部各工长负责相关施工过程的环境因素、危险源的控制,负责执行相关的管理方案的要求,重大问题由项目经理协调。

(14)安全的运行程序及相关要求以合同或协议条款等形式施加给供方,在运行过程中,由项目经理部及时监测和测量。

(15)各岗位人员严格执行程序要求和作业指导书规定,并严格按规程操作。

(16)对设备有关环保的各项技术参数在进场前进行确认,在施工中要做好环保、安全设施,施工设备的日常维护和保养,保证设备的正常运转。

(17)保存运行记录。

4.4.7 应急准备和响应

(1)公司根据识别出的不可接受风险及其他可能的潜在事故或紧急情况,确定下列物质或场所为应急准备和响应的重点:

1)易燃易爆(气)体:汽油、柴油、油漆、稀料、氧气、乙炔气、液化气等;

2)可(易)燃物:建筑垃圾、冬期施工保温材料等;

3)化学品:硫酸、硝酸、盐酸、磷酸、氢氧化钠、氢氧化钾等;

4)作业点或场所:现场电气焊作业点、木工棚、基础开挖作业点、装饰作业点、防水作业点、油库、施工现场配电箱盘、食堂;

5)其他可能的危险源及风险。

(2)由相应的部门针对潜在的事故或紧急情况,制定有针对性的预防措施和应急措施(如:消防预案)。

(3)对应急场所工作人员应进行岗位教育、防火和灭火知识教育。

(4)义务消防、抢险队每年应进行一次消防演习,其他紧急事件的应急准备与响应能力也应及时进行相应的模拟确认。

(5)责任单位应对潜在事故或紧急情况发生时,迅速地做出有效反应,如遇事故性质严重难以处理,应立即联络紧急求援的报告。

(6) 对事故或紧急情况的处理形成记录。

(7) 在事故或紧急情况处理完毕后,对应急准备与响应程序进行一次评审或修订。

4.5 "检查和纠正措施"编写要点

4.5.1 "监测和监控"应编写如下内容:

(1) 安全部门负责制定《监测和监控管理程序》,技术部配合组织实施。

(2) 对具有或可能具有不可接受风险的活动及其关键性进行监测和测量,通过监测和测量结果对职业健康安全方针目标、有关法律、法规、标准的符合性程度进行评价。

(3) 公司各相关职能部门,各部门、各项目经理部负责实施本单位职责范围内的监控、监测和监督活动。

(4) 监测是指对职业健康安全因素,产生影响或具有影响的活动易于量化的关键特性进行测量的过程,如纯技术性、委托外单位进行测量的项目。

(5) 监测的对象是公司确定的不可接受风险及相应的危险源的控制情况等。

(6) 项目经理部应对现场场界噪声进行定期监视,按基础、主体、装修三个施工阶段进行监测,每个施工段不少于两次,监测范围包括施工区和生活区。

(7) 对不能自测的项目每年要委托安全劳动部门进行监测。

(8) 监测和测量结果超标不符合规定时,应进行原因分析,执行《不符合管理程序》。

(9) 监控是指对职业健康安全影响或具有潜在影响的活动不易于量化的关键特性采取定性检查的过程,如目标完成情况,法律、法规遵守情况。

(10) 安保部门负责监控职业健康安全目标及管理方案的落实和实施情况。

(11)安保部门依据公司的职业健康安全目标的落实情况,每半年对监测和测量结果进行评价,验证职业健康安全行为与相关法律、法规标准的符合性。

(12)监督是指对运行控制执行情况进行的检查及督促,架子工、机械工、起重工等操作人员是否按程序检查和监督。

(13)项目经理部每月组织本项目对运行控制执行过程的检查和监督。

(14)安保部门负责每月组织相关部门对运行控制执行过程的检查和监督。

技术部门负责制定《检测和测量设备管理程序》并组织实施。

(15)检测和测量职业健康安全的监测装置应根据国家有关规定定期或在使用前进行校准和调整,自检仪器由技术部门负责组织按照规定进行定期检测并保存记录。

(16)根据工程需要确定测试任务,选择所需准确度和精密度适用的检验、测量和试验设备。

(17)规定校准过程。内容包括:设备的型号、编号、地点、校验周期、校验方法、验收标准、各项记录应清楚齐全,并妥善保存。

(18)当发现检验、测量和试验设备处于未校准状态时,应有有效措施可供采用。

(19)确保检验、测量和试验设备有适宜的环境条件。

(20)确保检验、测量和试验设备在搬运、使用和贮存期间的准确度和适用并保持其完好。

4.5.2 "不符合、事故、事件、纠正和预防措施"应编写如下内容:

(1)技术部门负责制定《事故、事件不符合管理程序》,安保部门配合组织实施。

(2)各部门、各项目经理部及公司机关对自查出现的不符合项采取纠正和预防措施,并实施整改。

(3)质检、技术、安保部门负责组织目标、指标监控中发现的不符合项,并跟踪验证实施效果。

(4) 技术部门负责组织纠正内审、管理评审、外审发现的不符合项，并跟踪验证实施效果。

(5) 技术、安保部门负责组织各项目运行检查中发现的不符合项的纠正，并跟踪验证实施效果。

(6) 各项目部门对检查中不能解决的不符合项，上报公司，由相关部门制定纠正措施或预防措施；公司各部门不能解决的不符合项，上报公司经理办公室，制定纠正和预防措施。

(7) 对于所有拟定的纠正和预防措施，在其实施前应先通过风险评价过程评审。为消除实际和潜在不符合原因而采取的任何纠正或预防措施，应与问题的严重性和面临的职业健康安全风险相适应。

(8) 重大事故或事件直接上报公司有关部门和公司领导进行处置；一般事故或事件由项目部门处置。

4.5.3 "信息沟通和协商"应编写如下内容：

(1) 技术部门负责制定《信息沟通和数据分析管理程序》，由各相关部室执行。

(2) 公司各职能部门之间，就管理体系的过程和有效性进行沟通。

(3) 员工代表与员工之间进行信息沟通并将信息传递到有关部室。信息交流一般以会议方式为主，也可根据内容的不同，采用口头方式或书面形式。

(4) 管理体系运行中产生的信息由产生单位及时送有关单位和人员。

(5) 公司各单位在收到外部信息时应及时传递到相关部门。

(6) 公司各部门和项目经理部根据工程情况，明确客观需求，采取随机抽样法、因果分析图等统计技术，分别应用于产品和过程的职业健康安全特性验证，用分析的结果与影响因素之间的因果关系找出根源，解决问题。

4.5.4 "改进和纠正预防措施"应编写如下内容：

(1) 改进措施

1) 技术部门负责制定《改进管理程序》，并且组织实施。

2) 公司通过体系方针目标的、顾客及相关方的满意度测量、体系审核和管理评审以及纠正和预防措施等进行持续改进。

（2）纠正措施

1) 通过对不合格原因的调查分析，制定相应措施。

2) 确定实施这些措施，并对措施的结果进行记录。

3) 对纠正措施进行有效性验证。

（3）预防措施

1) 通过公司管理评审，内部审核、运行、测量和监视、职业健康安全检查，顾客及相关方的意见，活动监视等识别潜在不合格并进行分析。

2) 通过潜在的不合格特性，制定预防措施。

3) 实施预防措施并跟踪进行有效的验证。

4.5.5 "记录和记录管理"应编写如下内容：

记录由职业健康安全管理体系的相关运行记录组成。

（1）职业健康安全记录包括：

危险源因素调查记录；

危险源因素评价记录；

危险源台账；

重大危险源（不可接受风险）清单；

职业健康安全管理体系运行记录；

职业健康安全管理体系运行日常检查记录。

（2）职业健康安全记录归口管理：

危险源因素调查记录、危险源因素评价记录、危险源台账、重大危险源（即不可接受风险）清单由安保部门负责收集保存。

职业健康安全管理体系运行记录由项目部负责收集保存。

职业健康安全管理体系运行日常检查记录由公司各部门收集保存。

记录的保存期限按有关规定执行。

4.5.6 "内部审核"应编写如下内容：

(1) 技术部门负责制定《内部审核管理程序》并组织实施。以验证管理活动和有关结果是否符合计划安排,确定管理体系的有效性。

(2) 管理者代表负责领导、策划内部管理审核工作,主持制定年度审核计划,选任审核组长。

(3) 技术部门负责组织实施审核计划,指派经过管理体系培训并经资质认可且独立于被审核项目的内审员。

(4) 根据各项职业健康安全活动的实际情况及重要性安排审核顺序。每年至少安排一次全面审核,必要时可根据实际情况安排专项审核。

(5) 审核组应着重验证前一次审核,采取纠正措施的实施效果。

(6) 审核结果应写成书面报告,并将审核发现的问题书面通知被审核部门或项目经理部,及时制定纠正措施,限期改正。

(7) 在跟踪审核活动中,内审员进行纠正措施的实施验证。

(8) 技术部门负责收集、保存审核记录。

4.6 "管理评审"应编写如下内容:

总经理负责组织实施《管理评审程序》。

总经理按计划规定时间主持召开管理评审会议或采用其他形式,对管理体系的运作情况进行评审,以确保管理体系的适宜性、充分性和有效性,并验证管理方针和目标是否得到满足。一般情况下,每年底召开一次,必要时可增加管理评审次数,评审会要能够提出符合评审内容要求的记录和评审结果的实施记录。

4.6.1 评审输入

管理评审的信息输入包括以下方面:

(1) 管理体系内部审核及外部审核结果,所确定的措施实施情况和改进活动的结果。

(2) 公司业绩及相关方满意程度的测量结果。

(3) 由于法律、法规要求的变化所受到影响和应变措施。

(4) 管理方针、目标的实现程度和适宜性。

(5) 重大危险源及因素的识别和评价,管理方案的有效性。
(6) 管理体系是否具有持续改进性。
(7) 相关方要求。
(8) 资源配置是否满足。

4.6.2 评审输出

包括:
(1) 管理体系及其过程的改进措施。
(2) 依据评审结果,作出的改进建议措施和决定。
(3) 顾客及相关方要求的改进措施。
(4) 考虑增添所需的资源。
(5) 法律、法规的符合要求。

管理评审活动及结果应予以记录。

4.6.3 管理评审报告

管理评审结果由管理者代表组织编写报告,经总经理批准后下发执行,技术部负责监督管理评审报告的实施结果。

附录1 程序文件目录

1. 文件管理程序	OS–01–2001
2. 记录管理程序	OS–02–2001
3. 管理评审程序	OS–03–2001
4. 内部审核管理程序	OS–04–2001
5. 能力、意识和培训管理程序	OS–05–2001
6. 顾客、相关方满意度测量及服务管理程序	OS–06–2001
7. 物资采购管理程序	OS–07–2001
8. 工程分承包方管理程序	OS–08–2001
9. 施工机械设备安全管理程序	OS–09–2001
10. 检验和测量设备管理程序	OS–10–2001
11. 改进管理程序	OS–11–2001
12. 信息交流与沟通和数据分析管理程序	OS–12–2001
13. 法律、法规和其他要求管理程序	OS–13–2001

14．应急准备和响应管理程序　　　　OS－14－2001
15．职业健康安全运行管理程序　　　OS－15－2001
16．监测监控管理程序　　　　　　　OS－16－2001
17．危险源识别与评价管理程序　　　OS－17－2001
18．事故、事件不符合管理程序　　　OS－18－2001
作业指导书3个。

第二节　文件管理程序编制要点

1　目的

对与职业健康和管理有关的管理性和技术性文件资料进行控制，确保文件的适用性、有效性。防止使用失效或作废的文件。

2　范围

本程序规定了与职业健康安全有关的文件和资料的控制范围、编号、审批、标识、发放、更改、换版日常管理以及外来文件的控制要求和方法。明确了相关部门和人员的职责。

3　引用标准

GB/T 28001—2001　职业健康安全管理体系　规范

4　术语与定义

5　职责要点

5.1　总经理

总经理负责审批公司管理手册；

负责经济合同类文件销毁的审批。

5.2　管理者代表

负责公司管理手册、程序文件编制的组织工作；

负责公司管理体系程序文件的审批。

5.3　各主管副总经理、三总师

按照管理分工负责审批所辖部门拟订的管理文件。

5.4　办公室

负责制定、更改和组织实施本程序；

负责转发政府主管部门、上级单位和本公司发布的文件和资料的控制。

5.5 公司各部室、项目部

负责本部门管理范围内的程序文件、其他管理文件的拟定、更改、受控发放、登记、标识、收回等工作。

负责与公司管理有关的相关法律法规的收集和信息传递。

6 程序要求

6.1 工作流程

文件拟定(或转发)→批准→发布→保存→更新。

6.2 文件分类

(1) 职业健康安全管理体系文件；

(2) 上级转发文件；

(3) 公司自拟的管理文件；

(4) 技术文件、管理方案；

(5) 与公司活动、生产、服务有关各类标准、规范；

(6) 工程合同文件；

(7) 各类物资、机械设备采购的合约文件。

6.3 文件的拟定(或转发)与批准

6.3.1 管理手册及程序文件

公司职业健康安全管理手册及程序文件由管理者代表主持编制，各相关部门按照编制分工，负责本部门主控程序文件的编制工作。

公司管理手册由总经理批准，程序文件由管理者代表批准。

经批准的管理手册、程序文件由办公室负责登记、编号、下发，保存发放记录，当文件持有人调出时负责收回。

6.3.2 上级文件

上级文件由办公室负责接收，根据文件涉及内容和公司管理分工，报主管副总经理审阅处置。

公司各主管副总经理根据公司管理的需要，批转上级文件的下发范围，办公室根据批示，确定复印数量，将文件发至各相关人员。

6.3.3 公司自拟管理文件

根据公司管理要求所拟定的管理文件,由各相关部室负责编写,管理文件编写完成后,报主管副总经理审批。所拟文件内容涉及其他部门时,由有关部门会签,办公室负责编号、下发。

6.3.4 技术文件及管理方案

单位工程施工组织设计由公司技术部负责编制,报总工程师审批,由技术部负责编号、下发。

分项工程施工方案由项目技术负责人编制,公司技术部审批,项目部负责编号、下发。

施工技术交底由工长编制,项目技术负责人审批,由工长负责发至作业班组,发放记录在技术交底上直接签认。

工程图纸由项目部根据合同到顾客处领取,发放至相关人员,并保留图纸发放记录。

工程洽商记录及变更,必须有设计人员、顾客或其代表与项目部专业技术人员签字生效。项目部负责洽商、变更的发放,保留发放记录。

职业健康安全管理方案由技术负责人编制,公司技术部门负责审批环境管理方案,安保部门负责审批安全管理方案,项目部负责下发,发放记录在管理方案上直接签认。

6.3.5 与公司活动、生产、服务有关的各类标准、规范

公司技术部门、安保部门负责收集标准、规范类文件的时效性信息,以有效文件清单的形式下发。项目工程施工应具备覆盖本工程施工的技术规范和标准,指定专人保管、建账。

职业健康安全方面的规范、标准分别由技术部门、安保部门购置,下发有效文件清单,各有关部门使用时可到技术部门、安保部门查询。

6.3.6 工程合同文件及采购合同文件

工程合同、保修合同由经营部门和顾客协商拟定,双方签字盖章生效,经营部根据需要下发,保留记录。

物资采购合同由物资部门与供应商拟定，双方签字盖章生效，物资部门保存。

机械采购合同由设备部门与供应商拟定，双方签字盖章生效，设备部门保存。

工程分包合同由工程部门与分包商拟定，双方签字盖章生效，工程部门保存。

6.4 文件的发布

6.4.1 文件编号

(1) 公司管理手册和程序文件编号格式

$$OS:顺序号——版号$$

S:职业健康安全管理体系文件；

顺序号:按总顺序编号:

版号:为文件发布年度。

(2) 转发文件和自拟文件

转发文件和自拟文件按照发布时间统一顺序编号，发文编号格式为：

$$(*)字(发文年号)(发文顺序号)$$

* 为部门代号。

(3) 其他文件

施工组织设计、施工方案、技术交底、管理方案、施工合同、分包合同、采购合同等不编排文件号。

6.4.2 文件发放记录

文件发放由发文单位登记记录，收文单位为便于查找和管理可自行记录收文清单。

6.4.3 文件的标识

管理体系文件、转发上级文件、公司自拟文件、技术文件及管理方案需加盖受控章，以标识受控状态。失效和作废的文件，要注以"作废"标识，从工作场所撤除。

规范、规程、工艺标准等购置文件，由技术部门、安保部门负责收集相关信息，以有效文件清单的形式下发。持有者接到通知后，及时标识作废文件。

施工合同以建委备案号为标识。

分包合同、采购合同可不进行标识,但应建立台账,以利于管理。

6.5 文件的更改

文件发布后,如有变更,需由有关部门或人员提出更改申请,进行变更后,由原审批部门或人员审批,按照以上有关程序下发。

修改文件应与原文件统一装订,并在原文件更改处作"更改"标记。

6.6 文件的存档与销毁

6.6.1 文件存档

经常性文件存于使用者处;

保密文件由部门负责人保存;

经济合同文件由签署部门保存;

其他文件的归档技术部档案室保存;

采用磁盘存档的文件,要设置密码,按以上要求保存。

6.6.2 文件销毁

一些文件在使用后,可能成为资料和记录,根据其性质要保存一定时间后销毁。文件的销毁要有审批,其审批权限为:合同类文件的销毁由总经理审批;工程文件的销毁由总工程师审批;其他管理文件的销毁由主管副总经理审批。

批准销毁的文件,无保密要求的,按可回收利用物资卖给废品收购站;有保密要求的,要破坏性销毁。

6.7 文件借阅

文件的借阅按技术部档案室工作制度,办理借阅手续。

7 相关文件

8 表格

收文记录

文件借阅记录

文件更改申请单

文件更改通知单
文件归档登记

第三节 相关方满意度测量及服务管理程序编制要点

1 目的

切实提高顾客及相关方的满意程度,达到重合同、守信用、加强职业健康安全的宗旨,满足顾客及相关方的要求和期望。

2 适用范围

本程序适用于公司与顾客及相关方对职业健康安全管理满意度测量的所有过程。

3 引用的标准

GB/T 28001—2001 职业健康安全管理体系 规范

4 术语和定义

见《职业健康安全管理手册》。

5 职责要点

5.1 工程部门负责制定、更改和组织实施本程度。

5.2 工程部门负责制定年度工程回访计划和进行顾客及相关方满意度调查,建立、收集、汇总来自顾客的信息,并将顾客信息传递到相关部门。

5.3 项目部门负责相关改进方案的实施。

6 程序要求

6.1 工作流程

收集顾客及相关方信息→编制回访和调查计划→按计划回访及发放调查表→问题鉴定或信息汇总→信息传递→制定纠正措施→验证→改进策划。

6.2 收集信息

工程部门、经营部门在投标、施工及交付后的服务活动中,应及时通过主动走访、电话、信件及交谈等方式收集顾客及相关方的满意信息。

6.3 顾客及相关方满意度调查

项目部门应每月不少于一次对顾客及相关方代表或监理工程师进行满意度测量,内容包括:满意、不满意两个程度。顾客及相关方意见可由其自己填写,也可由公司有关人员进行记录。

工程部门应定期参加工程施工检查,在现场检查期间请顾客及相关方填写《相关方满意情况调查表》。

工程部门负责与顾客及相关方定期走访、邀请顾客及相关方座谈或采取信访等形式,听取顾客或相关方意见,实施沟通、保修和服务。

工程部门在收到顾客及相关方意见、建议或投诉后,应及时与顾客及相关方沟通,了解职业健康安全方面顾客及相关方的期望。并组织技术部、质检部、项目部等部门分析原因,采取纠正与预防措施,以确保职业健康安全管理体系有效运行。使顾客及相关方满意,并保存记录。

当相关方有特殊服务要求时,由经营部门负责与相关方签订专项合同或协议。对服务项目的责任、职业健康安全的要求作出具体规定,并由有关项目部门实施。

6.4 顾客及相关方信息的分析和利用

工程部门在每季度末将所有收集到的相关方满意度信息进行综合分类统计,并于年底提出"相关方满意情况报告"。其内容包括:

a. 分析并发现产生相关方非常满意的因素;
b. 确定相关方满意或不满意的趋向;
c. 确定相关方未来的要求和期望;
d. 预测本公司未来的改进目标;
e. 提出改进措施。

工程部将"相关方满意情况报告"在每年年底送总经理审阅,同时提交管理评审,不断改进公司的职业健康安全管理体系业绩。

6.5 工程安全满意度测量及服务

工程部门在年初根据上年度竣工工程情况、竣工时间、工程特点编制当年《年度竣工工程回访计划》，并将计划下达到相关项目部门。

按照回访计划，工程部门组织项目部门进行工程回访，向顾客了解竣工工程情况、顾客意见和要求。如发现不合格，工程部应组织技术部、质检部对不合格项进行分析。必要时，可请权威部门鉴定。

回访中的信息，由工程部汇总，并及时传递到技术部、质检部、项目部等部门，由技术部制定改进措施，报总工程师审批后，项目部按照改进措施进行整改。质检部对整改结果进行验证，确认合格后，请顾客或相关方验证。

回访中，顾客及相关方提出的意见，工程部门负责组织改进，在符合有关规范要求的同时，必须达到顾客满意。

工程交付后，经营部门及时与顾客签订保修合同。工程部门组织项目服务小组对入迁顾客实行跟踪服务，使顾客满意。

7 相关文件

8 记录

年度竣工工程回访计划

工程回访记录

相关方满意情况测量表

相关方答复单

第四节 危险源识别与评价管理程序编制要点

1 目的

最大限度地识别出公司在活动、产品或服务中能控制或可望施加控制的危险源，同时评价出重大职业健康安全风险。

2 适用范围

适应于本公司在活动、产品或服务中危险源的识别与不可接受风险的评价与更新。

3 引用标准

GB/T 28001—2001 职业健康安全管理体系 规范

4 术语与定义

见《职业健康安全管理手册》。

5 职责

5.1 安保部门负责组织公司各部门及项目部识别危险源,并对识别出的危险源进行确认、汇总、登记、更新,建立《公司危险源总清单》,组织有关人员对危险源发生的可能性和危害程度进行评价,确认不可接受风险的重大危险源。

5.2 各部门负责识别所属范围内的危险源,填写《危险源调查表》,反馈给安保部门。

5.3 管理者代表批准公司不可接受风险的重大危险源清单。

6 程序要求

6.1 工作流程

危险源识别准备→确定识别方法→危险源识别→重大危险源评价→确定重大危险源→危险源的更新。

6.2 危险源识别准备

安保部门负责收集国家、地方、行业和有关部门关于职业健康安全方面的法律、法规、文件等资料,掌握相关方的要求和满意程度,了解和掌握相关的规定;

公司办公室根据已经收集的、与本公司职业健康安全管理工作有关的文件,组织进行员工培训,学习相关的知识,掌握危险源识别和评价的方法;

各部门、各项目部通过学习和资料的及时收集,为危险源识别作准备。

6.3 危险源识别方法

公司主要通过调查表和观察法的方式识别危险源。

6.3.1 危险源现场调查

每年年底各部门负责人和项目部安全员根据《危险源调查表》的内容,组织本单位人员从其活动、产品、服务中找出的危险源,填入《危险源调查表》,并将此表报安保部门。

安全保卫部门对所有调查表填写的内容进行确认、汇总、登记、形成《公司危险源台账》,并将其下发到有关部门和单位。

新开工地项目经理应在开工前组织有关人员对危险源进行识别和相应风险评价,并将评价结果上报公司安保部门,由安保部门识别评价后及时进行补充。

6.3.2 辩识危险源的依据

识别危险源应考虑危险源产生的部位包括公司的常规和非常规活动所有进入工作场所的人员的活动(包括合同方人员和访问者的活动)管理和施工现场的内部设施及所租赁的建筑物、设备等。

同时识别危险源还应考虑危险源的二类不同特点。

第一类危险源:生产过程中存在的,可能发生意外释放的能量(能源或能量载体)或危险物质。

第二类危险源:导致能量或危险物质约束或限制措施破坏或失效的各种因素,分为物的故障、人的失误、环境的因素。

此外,还可从一些广义的角度对危险源进行分类。例如:机械类、电气类、辐射类、物质类、火灾与爆炸类;物理性、化学性、生物性、心理和生理性、行为性、其他。

6.4 危险源的风险评价

6.4.1 评价原则

公司的危险源若出现影响或不符合法律、法规和行业规定等任一方面时,都要把它确定为具有不可接受风险的危险源。应考虑:

(1) 依据风险的范围、性质和时限性进行确定,以确保该方法是主动性的而不是被动性的;

(2) 公司规定风险级别分为三个,即大、中、小;

(3) 公司历年的危险管理的经验及采取的安全措施的能力是评价危险源的基础;

(4) 评价危险源时应充分考虑人员、设备的相应要求;

(5) 公司要对危险源进行监视并评价相应措施。

6.4.2 不可接受风险(重大危险源)的评价方法

对危险源及其风险的评价采用定量评分、讨论的方法确定。危险源评价按表 8.4 – 1 进行：

危险源评价表　　　　　　　表 8.4 – 1

内　　容	得　　分	内　　容	得　　分
a. 法规符合性		c. 伤害程度	
未达标	4	严重	4
达标准	1	一般	2
b. 风险性		轻微	1
大	4	d. 相关方关注度	
中	2	非常	4
小	1	基本不关注	1

危险源风险评价标准：

当 $a=4$ 或 $b=4$ 或 $c=4$ 或 $d=4$ 或总分 $\sum = A+B+C+D \geqslant 15$ 时，风险不可接受，确定为重大危险源。

除本方法以外，各部门也可以采用 LED 法及其他定性与定量方法进行评估。

6.5 重大危险源的确定

安全保卫部门根据调查表，按照上述方法组织有关人员进行评价、讨论，确定重大危险源，编制《公司重大危险源清单》，报管理者代表批准。

为保持评价的有效性，由安保部门每年组织有关人员对公司的重大危险源及其相应的风险重新识别、评价，如有变化予以更新。应在风险评价中考虑控制措施的策划，若找不到降低风险的措施时，则应停止相应的运行活动。

根据风险评价结果，明确目标、指标，制定管理方案，最低要求符合国家法律法规和公司的目标、指标。

6.6 危险源的更新

6.6.1 危险源的识别应持续进行。当发生以下情况时,安保部门应立即组织与下列活动有关的人员进行危险源的识别、评价和更新。

(1) 当法律、法规及其他要求发生较大变更时;

(2) 当本组织活动、产品、服务发生较大变化时;

(3) 当发生事故、事件或相关方抱怨时;

(4) 当公司职业健康安全方针有变化时。

6.6.2 当施工生产工艺及材料发生重大变化时,项目经理部应重新识别危险源,并将变化的危险源通过《危险源调查表》反馈给公司安保部门,由安保部门确认、评价、更新。

6.6.3 公司安保部门对危险源的重新识别,按上述相关步骤进行。

6.6.4 记录及台账:

危险源辨识、风险评价记录及公司《危险源台账》,《重大危险源清单》由安保部门保存,各部室保存本部门的《危险源台账》。

7 相关文件

8 记录

危险源调查表

风险评价记录

危险源总台账

重大危险源清单

第五节 职业健康安全运行管理程序编制要点

1 目的

对公司重要危险源,与职业健康安全风险有关的活动、产品或服务进行有效的控制,并确保对相关方影响力度。以实现运行要求。

2 适用范围

本程序适用于公司、职业健康安全管理体系运行过程的控制。

3 引用标准

GB/T 28001—2001　职业健康安全管理体系　规范

4 术语与定义

见《职业健康安全管理手册》。

5 职责

5.1　工程部门负责制定和实施本程序。

5.2　总经理负责主持对战略性职业健康安全管理活动的评审。

5.3　管理者代表负责主持对重要危险源、职业健康安全风险有关的运行与活动及相关职责的评审。

5.4　各项目经理部、各部门负责运行控制程序的贯彻执行。

6 程序要求

6.1　工作流程

识别重要危险源(不可接受风险)→针对其制定控制措施→运行控制→总结、检查和改进。

6.2　具有不可接受风险的重要危险源评价方法

公司各部门及项目部在每年进行一次评价,具体执行公司《危险源识别与评价管理程序》经识别并评价的重要危险源包括:高空坠落、物体打击、触电、机械伤害。

6.3　运行规定

6.3.1　各部门、各项目部应针对影响职业健康安全所有活动进行分析、策划,并根据重要程度编制管理方案,方案交底由编制人负责,按常规要求进行安全交底。

6.3.2　各部门及项目部应及时按公司的相关要求通报给各类供方、分承包方,签定相应的协议并进行监视和测量,如土方搬运、劳务分包、施工机械、塔吊、商品混凝土的运作等,及时进行信息沟通与传递。

6.3.3　施工现场的每一活动前,责任人均应对安全进行分析和策划,以保证万无一失。

6.4 固体废弃物控制

在土方工程施工前应到当地劳动部门办理土方消纳手续。

应对固体废弃物进行分类。即:可回收利用、无毒无害;可回收利用、有毒有害;不可回收利用、无毒无害;不可回收利用、有毒有害。按照分类进行废弃物存放、标识,根据废弃物的性质进行分别处理。

可回收利用、无毒无害废弃物处理:收集后,可以交一般废品收购站处理;

可回收利用、有毒有害废弃物处理:收集后,必须交有专业处理资质的废品收购站进行专门处理;

不可回收利用、无毒无害废弃物处理:按照垃圾消纳要求,送至一般垃圾填埋场处理;

不可回收利用、有毒有害废弃物处理:必须送至有专业处理资质的单位进行处理、消纳。

禁止将有毒有害废弃物用作土方回填,以免污染地下水和环境。

对废弃物分类存放标识、运输管理及废弃物处理统计的管理范围和事项,制定、实施相应的作业指导书。

固体废弃物的处理由公司编制《固体废弃物处理作业指导书》,项目部在施工前,可根据本工程具体情况,编制有针对性的管理方案。

6.5 易燃易爆、油品及化学品控制

6.5.1 采购管理:各部门根据生产需要,提出购置计划、交物资部门进行采购。

6.5.2 运输、贮存、发放、使用管理制定作业指导书或管理方案,按照相应管理措施实施。

6.5.3 紧急情况的准备、预防、处置:易燃、易爆、油品及化学品的运输、贮存及使用过程中发生危险或重大影响依《应急准备与响应程序》执行。

6.6 职业健康安全管理运行

公司安保部门及项目经理部应对影响职业健康安全所有活动进行危险源辨识、风险评价和风险控制的策划,针对重大危险源编制《职业健康安全管理方案》,方案交底由编制人负责,或制订相应的作业指导书按常规要求作好交底;安保部门及项目部门对涉及职业健康安全活动的分承包方加强控制,及时进行沟通与传递。

6.6.1 安全教育与交底

对新进场工人和调换工种的职工及特种作业人员进行安全生产教育,作好安全技术措施交底(重点安全岗位有架子工、电焊工、木工、电工等)。

6.6.2 架子防护

架子应按照各种架子的搭设规程进行搭设,设置立网、水平网,作业层设置脚手板、挡脚板、扶手杆等,按照规程与结构拉接、锁固。风、雨、雪天气过后要进行架子检查,防止基础陷落、锁固不牢固等现象。

操作人员在操作中应按照规定挂安全带,确保操作安全。

操作规程中规定的或特殊架子,要经计算确定,并单独编制架子方案。

6.6.3 洞口及临边防护

各种洞口及临边防护,应按照《施工现场安全管理规程》进行处理,设备安全防护架、栏、网等,确保施工安全。

6.6.4 物体打击控制

现场必须安装防护网,进入现场必须戴安全帽,并正确系结帽绳。

6.6.5 防触电措施

现场用电人员应加强自我防护意识,公司应为电气作业人员配备安全防护用品。单位工程施工前,必须编制《单位工程施工现场临时用电施工方案》,经审批后实施。

6.6.6 劳动保护和职业病防治

执行《劳动法》,保证职工权益,施工现场电焊工、搅拌机工、油工等应增加劳动保护,减少尘肺症的可能性。

根据不同工种的作业性质,为其配备相应的劳动保护用品。

女职工"三期"保护,执行国家相应的劳动管理规定。

公司总部及项目部选举员工代表,严格执行国家、地方建筑业劳动法规,保证职工权益。

每年年底调查本行业及企业可能的职业病发生几率,进行职业病的预防。

6.6.7 机械伤害防治措施

公司的机械伤害主要在于卷扬机、搅拌机,车辆运输及土方作业等这些操作,人员上岗前须进行培训,且所有设备应按安全防护要求配制防护装置,进场前应进行机械性能及安全方面的验证,不合格的设备一律不得进场。

6.6.8 其他影响安全的危险源防治原则

当有新的法规颁发、新产品或新项目以及对安全有影响的设备更新、技术改造、过程变更等情况发生时,安保部门应组织有关部门依据公司管理体系手册、有关程序文件、标准等随时对新的危险源进行辨识、评价,必须时更新评价资料。

7 相关文件

法律、法规和其他要求管理程序

信息沟通和数据分析管理程序

监测、监控管理程序

事故、事件、不符合管理程序

8 记录

第六节 能力、意识和培训管理程序编制要点

1 目的

按管理标准的要求,提高有关人员的岗位知识技能,对上岗人员进行资格评定,使之能胜任所从事的工作。

2 适用范围

适用本公司所有对与职业健康安全有影响的管理人员和作业人员及相关部门的培训和资格考核。

3 引用标准

GB/T 28001—2001 职业健康安全管理 规范

4 术语和定义

见《职业健康安全管理手册》。

5 职责要点

5.1 办公室

负责本程序的制定,更改并组织实施和考核;

负责制定培训的方针、目标和实施方案;

负责提供全年各岗位人员需求,需持证上岗人员培训计划,并提供受培训人员名单;

制定年度内部培训工作计划;

负责培训的文件管理。

5.2 各部室、项目经理部

组织实施本部门员工的培训,完成公司下达的任务,做好培训工作记录;

负责向公司申报员工培训工作计划,并建立员工培训管理台账;

档案室负责对各部室、各项目部的培训记录进行检查。

6 程序要求

6.1 工作流程

各岗位人员需求调查及能力识别→制定培训计划→按计划组织培训→登记培训台账→更新各岗位人员资质台账。

6.2 岗位人员需求调查及能力识别

公司根据员工从事职业健康安全活动及公司规定的职责对人员能力的要求,选择能够胜任的人员从事各岗位工作,配置合格的人力资源,并通过绩效考核对重要岗位员工的能力加以识别,考核方法是部门领导考核员工,主管领导考核部门领导。考核时间一一般在每年年底进行,依据考核的结果,提出对不同的岗位人员进行培训的建议。

政府及上级管理部门、体系管理对各岗位人员资质的要求应作为培训的依据。

6.3 培训计划

办公室根据调查结果,结合公司发展规划、项目部和各部门的情况,年初制定培训计划,经总经理审批后,由办公室下发。

按上级通知进行的或其他的临时性培训,由办公室及时报总经理审批后实施。

6.4 培训

6.4.1 特殊岗位、重要岗位人员培训

特殊岗位:电工、焊工、混凝土工、防水工、架子工、机械工、起重工;

重要岗位:安全员、质检员;

一般岗位:木工、钢筋工、油工、瓦工。

6.4.2 外部培训取证

外部培训要根据上级有关部门的安排进行,办公室负责与有关方面沟通,获得信息后,根据公司需求和培训计划,提出培训取证的建议,报总经理审批后,组织相关人员参加外部培训。

受培训人员获得资质后,及时更新岗位资质台账。

6.4.3 内部培训

公司每年组织一次全员职业健康安全、岗位技能、建筑业发展等方面的综合培训,使员工明确自己的岗位职责及本人工作效果对职业健康安全产生的影响,熟悉本岗位操作规程,具备本岗位需要的能力。

新调入人员上岗前必须接受基础教育,包括:公司的历史发展概况,公司的各项规章制度、施工环境、职业健康安全常识及质量保证体系的有关文件,各项目部负责组织实施。

从作业人员新聘到管理岗位的人员或特殊工种新上岗人员,接受专业或岗位培训,经考试合格方可上岗。

当工程采用了新工艺、新材料和新设备时,各项目部根据需要,自行组织培训,并做好记录。

7 相关文件

8 记录及表格

8.1 内培情况登记表(表8.6-1)

8.2 外培人员登记表(表8.6-2)

8.3 培训记录(表8.6-3)

8.4 内部培训统计表(表8.6-4)

8.5 岗位人员技能考核表(表8.6-5)

8.6 特殊工种作业人员培训情况统计表(表8.6-6)

8.7 各类岗位培训班台账(表8.6-7)

8.8 劳务资格证书发放情况统计表(表8.6-8)

8.9 "十一"大员中级岗位证书发放情况台账(表8.6-9)

8.10 各类专业技术人员、管理人员职称评定情况统计表(表8.6-10)

8.11 各类技术人员、管理人员岗位培训情况台账(表8.6-11)

内培情况登记表　　　表8.6-1

序号	日期	办班单位	培训对象	培训班名称	培训形式	培训学时	学员人数	教师

外培人员登记表　　　　表 8.6-2

单　位	姓名	性别	校名	入学时间	毕业时间	专业	备注

培 训 记 录　　　表 8.6-3

登记单位：

培训单位		培训内容		计培人数	
培训日期		培训时间		实培人数	
授课人姓名		职务职称		其他	
参加人员					
培训记录					

内部培训统计表　　　　表8.6-4

序号	部门	姓名	性别	年龄	学历	现岗位	培训专业	考核成绩

岗位人员技能考核表　　　　　表8.6-5

时间	岗位	姓名	考 核 内 容	优良	合格	不合格

考核记录：

记录人：

考核结论：

领导审批：

特殊工种作业人员培训情况统计表　　　　表8.6-6

单位＼类别	电工	电气焊工	锅炉司炉工	架子工	起重工	塔司	信号兵	机动车辆驾驶
合计								

各类岗位培训班台账　　　　表8.6-7

序号	培训名称	培训内容	学习人数	办学形式	起止时间	结业人数	授课教师		备注
							姓名	单位	

劳务资格证书发放情况统计表

表 8.6-8

单位 \ 类别	劳务普工	初级工									中级工								
		砖瓦	抹灰	钢筋	混凝土工	木工	油漆	防水	架子	小计	砖瓦	抹灰	钢筋	混凝土工	木工	油漆	防水	架子	小计
合计																			

"十一"大员中级岗位证书发放情况台账　　表8.6-9

序号	姓名	年龄	职名	发证日期	证书名称	编号	发证单位	验证日期	验证单位	备注

各类专业技术人员、管理人员职称评定情况统计表　表8.6－10

单位\类别	高级职称				中级职称				初级系列			
	工程系列	经济系列	财会系列	统计系列	工程系列	经济系列	财会系列	统计系列	工程系列	经济系列	财会系列	统计系列
合　计												

各类技术人员、管理人员岗位培训情况台账　表8.6-11

序号	姓名	性别	文化程度	职务	技术职称	培训形式	培训起止时间	学习内容	学习时数	考试得分

第七节　内部审核程序编制要点

1　目的

通过内部审核,及时发现安全管理体系的运行问题,职业健康安全活动是否符合管理体系文件要求,验证是否与要达到的目标相适应。

2　适用范围

本程序适用于公司内各有关单位、职能部门和项目部的职业健康安全管理体系审核活动的实施与管理。

3　引用文件

GB/T 28001—2001　职业健康安全管理体系　规范

4　术语与定义

见《职业健康安全管理手册》。

5　职责要点

5.1　管理者代表

确定内部审核目的、范围和采取的相应措施,批准审核计划;

主持成立内部审核组,并决定审核组成员;

接受内部审核报告,必要时召集会议制定纠正措施。

5.2　技术部

负责本程序的制定、更改并组织实施;

负责编制公司内部职业健康安全审核计划;

确定被审核对象,成立内部审核组,报请管理者代表批准;

负责内部审核资料、文件的管理。

5.3　审核组长

协助技术部确定审核组成员;

编制内部审核计划,起草内部审核报告;

有权对内部审核结果做出最后决定,并对审核报告的准确性和全面性负责。

5.4　审核员

理解审核计划,向受审核方阐明计划要求,编制内部职业健康安全审核检查表;

客观、公正地收集证据,认真记录、分析、评价观察结果,编制不符合项报告,并向组长报告,保管好与审核有关的文件、资料;

必要时,验证审核结果导致的纠正措施的有效性;

积极配合并支持审核组长的工作。

5.5 受审核方

接受审核计划后,将审核目的、范围通知有关人员,并指派代表配合审核组工作;

负责提供审核过程所需的资源,保证审核工作顺利进行;

制定和实施审核结果导致的纠正措施。

6 程序要点
6.1 工作流程

成立审核组 → 审核计划 → 编制检查表 → 下达内审通知 → 制定年度审核计划 → 按计划组织单次审核 → 实施审核 → 内部审核报告 → 进行验证

6.2 审核计划

6.2.1 内部体系年度审核计划内容

(1) 审核的目的、范围和依据;

(2) 受审核部门及审核时间;

(3) 审核重点及频次。

6.2.2 在以下几种情况下,必须时应进行计划外的临时审核

(1) 法律、法规及其他外部要求发生重大变更;

(2) 相关方的重大要求;

(3) 发生重大安全事故;

(4) 管理体系大幅度变更。

计划外的审核由管理者代表临时组织。

6.3 内部体系审核

6.3.1 审核前的准备工作

公司管理者代表批准内部职业健康安全审核计划。

视审核工作量大小,组建审核小组,审核员必须是与审核对象无直接责任关系的内部审核员。

经理办公室通知受审核方,规定审核的范围、依据、具体时间和要求等。

受审核方主管领导要做好受审前教育,动员职工做好充分准备,并指定代表负责配合工作,提供审核所需的有关文件。

6.3.2　审核组工作

学习有关文件、审核方法和注意事项。

审核组长安排审核人员分工,审核组讨论确定审核日程安排。

审核员编制职业健康安全审核检查表,并经审核组长审阅作为审核员的检查提纲。

下达审核通知。

6.3.3　审核实施

(1) 首次会议

由审核组长主持全体审核员和被审核方领导参加的首次会议,审核组长简单介绍审核目的和方法,向与会者介绍审核计划,向受审核方提出有关要求。

(2) 现场审核

审核员按照分工,依据审核计划和审核检查表,采取个别、集体、现场观察、资料检查等方式进行审核、获取证据。

审核员获取审核证据时,若发现不符合项要编写不符合报告,描述不符合的事实,指出违反规定条款和不符合类型,填写的内容应经审核部门负责人签字认可。

(3) 审核员会议

审核组长召集审核员介绍审核结果,全体审核员对审核结果评议,并将不符合报告交与组长签字,提出改进职业健康安全管理体系的建议,供组长编写审核报告。

6.3.4　召开末次会议

全体审核人员和受审核方领导参加。

由审核组长说明审核观察结果，指出与标准或职业健康安全管理体系不一致的地方，宣布不符合项。

提出建议性的纠正措施。

宣布对职业健康安全管理体系的符合性和有效性的结论。

6.4 纠正措施和跟踪验证

现场审核结束后，受审核方按《不符合报告》要求制定纠正措施，纠正措施的实施由受审核方负责人按规定期限组织落实并经审核组验证，确认该项不符合得到纠正。

6.5 审核报告

6.5.1 审核报告在末次会议结束后一周内完成，主要内容：内审不符合报告，不符合原因分析，提出改进职业健康安全管理体系的建议，采取纠正措施的完成情况及效果，全部不符合报告附在审核报告后面。

6.5.2 审核报告附所有审核记录资料，签名后交技术部。

6.5.3 技术部及时将审核报告送交管理者代表并汇报审核的实施情况。

6.5.4 经理办公室将批准后的审核报告发至被审核方及有关部门。

7 记录及表格

职业健康安全审核计划表(表8.7-1)

职业健康安全审核检查表(表8.7-2)

不符合报告(表8.7-3)

不符合项分布表(表8.7-4)

职业健康安全管理体系检查表(表8.7-5)

| 职业健康安全审核计划表 | | | | | 表 8.7-1 |

审核目的和范围：

依据的标准或文件：

审核组成员：

		审核时间	审核部门	审核员	审核要素	备注
第一天	上午		首次会议			
	下午					
第二天	上午					
	上午					
第三天	上午					
	下午		末次会议			

审核组长： 　　　　　　　　　管理者代表：

职业健康安全审核检查表　　表8.7-2

受审核部门：	审核项目：
参考文件：	陪同人员：

审核内容(参考文件要点)：

客观证据,检查结果记录：

内审员： 制定日期：	审核组长： 批准日期：

不符合报告　　　　　　　　　　表 8.7-3

被审核部门名称：	受审核方陪同人：
审核员：	审核日期：

类型：　　一般不合格　　　　　严重不合格

审核发现不合格记录：

受审核方的纠正措施：

1. 原因分析：

2. 纠正措施：

3. 执行人和完成日期：

审核跟踪验证结论：

　　　　　　　　　　　　　　审核员：　　　　日期：

不符合项分布情况　　　　表8.7-4

要素编号	质检部	工程部	物资部	经营部	安全部	经理办公室	档案室	技术部	项目经理部	合计

职业健康安全管理体系检查表		表 8.7-5	
部门:		时间:	
检查情况:			
措施:			
验证情况:			
验证人员		验证时间	

第八节 监测和监控管理程序编制要点

1 目的
测量和检查职业健康安全绩效,并定期评审法律、法规遵守情况,以保证体系的符合性和有效性。

2 适用范围
适用于公司的职业健康安全管理体系的监测、监控与监督活动。

3 引用标准
GB/T 28001—2001 职业健康安全管理体系 规范

4 术语和定义
见《职业健康安全管理手册》。

4.1 监测:指对环境产生或具有影响的活动易于量化的关键特性进行测量的过程。

4.2 监控:指产生影响或具有潜在影响的活动不易于量化的关键性采取定性检查的过程。

4.3 监督:指对体系运行执行情况进行的检查及督促。

4.4 主动性的绩效测量:即监视是否符合职业健康安全管理方案、运行准则和适用的法规要求。

4.5 被动性的绩效测量:即监视事故、疾病、事件和其他不良职业健康安全绩效的历史证据。

5 职责要点
5.1 安全部门负责对公司职业健康安全管理体系进行测量和监控。

5.2 工程部门负责组织相关部门对职业健康安全管理体系运行的监督。

5.3 各部门、各项目部负责本部门和项目部职业健康管理体系的运行、自检、自控。

6 程序要求

6.1 工作流程

确定监测和监控对象→实施监测监控→数据和资料汇总分析。

6.2 监测

6.2.1 监测对象

以公司识别的重大危险源为主,同时也监测相关的危险源。如场界噪声、易燃、易爆、油品及化学品的泄露、高空坠落、物体打击、触电、机械伤害、突然停电、管道爆裂等。

6.2.2 监测的实施

安保部门制定公司的年度监测计划:规定频次、依据、目标、指标、部位和相应的危险源所采取程序、步骤;外部监测应规定与权威机构联系,监测范围、对象、责任人、工具和设备及沟通、传递等。

技术部门根据各项目部施工阶段对本公司在施工程施工现场场界噪声进行检查,并保存记录。

项目部委托环保部门进行监测测量的,保存相应记录,每年一次。

技术部负责公司安全防护设备的管理、校准及维护,各使用部门、项目部负责本单位安全防护设备的管理、校准及维护。

项目部监测:每天由安全员现场巡视、巡查,重要危险源及相关风险变化进行目测,同时对分承包方的环境行为及绩效进行检查。

6.3 监控

6.3.1 监控范围

(1)职业健康安全管理目标、指标及管理方案的落实和实施情况。

(2)有关的法律、法规及其他要求的遵守情况。

6.3.2 监控的实施

(1)安保部门负责监控各项目部的目标、指标及管理方案的落实和实施情况。每月进行一次检查,并定性评分,填写职业健康安全管理体系运行检查记录表。

(2) 安保部门每6个月评审一次法律、法规的遵守情况。

(3) 工长、技术员监控施工班组目标的执行情况,安全员在巡视中进行检查。

6.4 监督

6.4.1 工程部门组织相关部门每月对职业健康安全管理体系的执行过程进行检查和监督,覆盖公司所有在施项目部,汇总检查结果,以《简报》的形式下发。督促和指导职业健康安全管理工作。

6.4.2 各项目部对本项目体系运行执行过程按施工阶段进行自查,自查填写管理体系运行检查记录表。

6.5 检查中不能立即解决的不符合项,执行《事故、事故、不符合管理程序》。

7 相关文件

检验和测量设备管理程序

事故、事件、不符合管理程序

8 记录

管理体系运行检查记录表

文明施工达标管理表格

第九节 施工机械设备安全管理程序编制要点

1 目的

充分发挥机械效率、降低消耗,实施安全生产,保证职业健康安全目标的实现。

2 适用范围

适用于公司所有施工机械的管理。

3 引用标准

GB/T 28001—2001 职业健康安全管理体系 规范

4 术语和定义

见《职业健康安全管理手册》。

5 职责要点

5.1 公司设备部

负责制定和实施及监督实施本程序；

负责公司范围内全部机械设备的技术、业务管理工作，包括设备的安全使用和噪声管理；

负责制定和颁发与机械管理工作有关的制度、规章、规程、规范。制定设备保养维修计划，建立台账，随时检查并监督计划的落实和执行情况；

负责制定机械设备增购计划；

负责引进机械设备前的选型论证及设备供应商评价；

参与施工组织设计中有关机械设备配备、机械安全措施及机械化施工方案的制定。

5.2 项目部

负责按照操作规程使用施工机械；

负责施工现场中小型施工机械的保养。

6 程序要求

6.1 工作流程

6.1.1 设备购置工作流程：

提出设备购置计算→设备选型论证→设备供应商考察评价→审批合格供应商→采购→验收→建立台账。

6.1.2 设备管理工作流程：

(建立单机保养维修计划台账)→项目部提出设备需用计划→设备部按项目部需要提供施工机械→施工机械进场验收→施工机械安装验收→按照单机保养计划由项目部进行日常保养→设备退场→设备部维修保养入库。

6.2 机械设备购置

6.2.1 由使用单位或设备部根据需要提出设备购置计划，报总经理审批，进行设备的购置。

6.2.2 施工机械的选型原则

施工机械产品在结构原理上科技含量高；

在环境保护方面考虑周全，真正做到节能、低耗、低噪声、无污染或少污染；

在安全上限位、报警、保险，制动装置齐全、合理、有效、可靠；

符合社会发展潮流、与企业当前管理、操作、维修水平和投资能力相适应。

施工机械的选型绝不仅仅是更新，即同种、同类产品在数量上的简单增加，要优先考虑换代的可能。选型产品要能与企业现有施工机械统型或成龙配套，从而能尽快形成专项机械化施工能力。

新增的施工机械能填补企业生产方式或生产能力的空白，能大幅度提高生产效率或产品质量。

对国家明令禁止、淘汰的施工机械产品以及假、冒、伪、劣、无厂家、无铭牌、无型号、无生产合格证的产品，严禁进入选型范围。

6.2.3 设备供应商选择与评价

（1）因机械设备购置不是经常的行为，设备供应商的选择评价，可根据购置计划随时进行。其供应商选择原则为：

施工机械供应商必须信誉高，产品为国家或省级名牌，质量可靠，符合安全和环保的要求，社会上口碑极佳，供货及时；

施工机械产品售后服务、培训及安装及时、完善，配件供应渠道畅通，质量可靠；

施工机械产品的性能价格比高，自重（或重量）价格比低，从对同行业、同厂家、同类产品的考察中确定其故障频率低，配件价格合理。

（2）由公司主管机械的副总工程师主持，设备部及相关人员参加，对设备供应商按照以上选择原则进行评价。评价合格的供应商，填写设备供应商评价表，报主管副总经理审批，建立施工机械合格供（租）方名册。

（3）经批准的供应商为合格供应商，可向其进行设备采购。

6.2.4 机械供（租）方的选择与评价

(1) 机械设备租赁是经常行为,对长期合作供(租)方应在总结评价以往长期合作的机械供(租)方设备能力、对安全环境的影响、服务水平、管理水平、租赁价格的基础上选择确定。首次合作的设备供(租)方应参照设备供应商选择原则,经过考察确定。

(2) 由公司主管机械副总工主持,设备部负责选出数家符合上述原则的厂家,并分别撰写出考察报告,将评价合格的供(租)方报公司主管副总经理批准后,将批准同意的厂家列入施工机械合格供(租)方名册。

(3) 根据设备供(租)方的服务水平、公司设备部自有设备情况和形势的不断变化,经公司领导批准,可随时对名册中所列厂家进行增删。

(4) 施工机械的供(租)方对象,必须在名册所列厂家中择优选择。

6.2.5 施工机械的验收

(1) 外观验收

施工机械进场后,应由设备部门会同厂方人员共同按合同有关条款和机械装箱单的内容,对施工机械外观、型号、规格、数量、随机零、附、配件及附属装置、随机工具的规格、数量及外观质量逐项验收清点,一一核对。查验产品合格证、产品说明书。在上述确认无误后,方可签署入库验收单。

(2) 施工机械的试运转

施工机械进场外观验收结束后,双方应按规定首先对下列项目进行检查;

1) 发动机底壳、变速箱、减速箱、分动箱、前后桥减速器、方向机、油箱、水箱、液压油箱中的加注量是否规范、标号是否正确。

2) 蓄电瓶电解液面高低是否合适、电量是否充足、桩头与场线连接是否牢固。

在上述项目检查无误的基础上,启动机械,进行试运转。试运转应按建设部 JB 34—1986《建筑机械技术验收规程》相关内容由设备部组织进行。对机械设备在运转中的下列情况进行观察判断；

1) 发动机、各部传动及支撑有无异响、过热及异味；

2) 各部连接及防护装置是否牢固、可靠；

3) 制动、离合装置结合是否可靠、分离是否彻底；

4) 安全、防护、限位、保险、警报装置是否按规定安装齐全，是否灵活、准确、可靠、有效；

5) 内燃机尾气排放置是否达标，内燃机在高、中、底速时机油压力是否满足要求；

6) 电动机外壳及机械金属外壳是否与保护零线可靠连接，有无漏电现象；

7) 电器设备及连接有无锈蚀、松动、烧损及短路、断路现象；

8) 发动机出力是否达到标准；

9) 设备安装是否有接入地，是否有低功率代替高功率现象；

10) 塔吊、卷扬机垂直运输机械是否符合操作技术规程要求；

11) 在运转中再次观察整机有无跑、冒、滴、漏现象，及噪声是否超标。确认合格后，填写并签署"试运转记录"。

(3) 固定资产登记建账

财务部接到设备部的入库单后，即可按合同规定付款、结算。按财务管理程序将新购机械设备列入固定资产账。

6.3 机械设备的管理

施工机械的计划修理、强制保养及日常维修的原则为"润滑、紧固、调整、清洁、防腐"的十字作业方针。以达到：

保证施工机械自身各部配合规范；

调整适当；

出力符合规范；

限位、保险、制动等安全保险装置灵活、有效、可靠；

正常运转无噪声或低噪声；

无油、水、电、气的跑、冒、滴、漏不良现象；

无腐蚀、无污染；

能源消耗在标准以内。

6.3.1 施工机械的计划修理

(1) 单台施工机械应根据其自新购入或上一次大修后实际运转台时的累计数、"机械设备运转台时记录"及该机种的大、中修理规范的间隔台时数进行比较，预测出今后单位时间内可能发生的台时(里程)数，结合该台施工机械当前的实际机况，科学地按时间段安排出该台机械在今后单位时间内的计划大、中修理日期，并据此综合出全部施工机械的修理计划。

(2) 施工机械的修理计划一经发布，应严格遵照执行，并如实填入"施工机械的修理计划与完成情况台账"。

(3) 按计划修理的施工机械，必须由机械工长签发"机械设备修理任务书"。修理任务书必须明确注明修理类别、修理项目、验收标准。

(4) 施工机械修竣后，必须由机械工长主持验收和试运转。验收和试运转遵照建设部"建筑机械技术验收规程"。记录如实填写在"机械设备修理任务书"及"机械设备试运转记录"上。

(5) 入库机械设备必须是经过修理、验收的完好机械。入库机械设备必须挂牌标识，标明主修人姓名。刚退库未经验收、未经修理的机械设备不得入库，只能作为待验、待修设备单独存放。

6.3.2 施工机械的强制保养

(1) 施工机械的强制保养可分为例行(每班)保养、一级保养、二级保养、三级保养，计四个级别的保养，执行公司《施工机械管理细则》。

(2) 强制保养计划由设备部制定，对已列入施工机械月度保养计划中的机械、大型机械，应由设备部派人验收；对中、小型机械应由各项目部机管员验收，并填写"施工机械保修任务单"。

设备部应将"施工机械月度保养计划"和"施工机械保修任务单"定期收回存入单机技术档案，如实登录在"施工机械保养台账"内。

6.3.3 施工机械的日常维修

施工机械的日常维修指施工机械在现场临时发生不可事先估

计到的故障。

日常维修由设备部派出专人修理,各项目部机管员签字验收,并存入单机技术档案中。

6.4 施工现场施工机械的评价、确认、验收

6.4.1 施工现场的施工机械需用计划由项目部按照施工组织设计和现场实际制定,并报设备部。

6.4.2 设备出库前,项目部机管员与设备部在库房共同对拟用施工机械进行验收与试运转(内容与方法同新机购入后的验收与试运转),并共同签署"机械设备出库验收单"。

6.4.3 施工机械进入施工现场经安装调试,具备了按规范使用的条件后,由设备部门、项目部门机管员、安全员共同对施工机械进行一次全面的验收和试运转。试运转的内容与方法执行《机械设备管理细则》。试运合格后填写设备验收单,方可正式使用。

6.4.4 群体作业必须由安全部检查确认后并确保限位运行后,方可施工。

6.4.5 验收合格的施工机械,使用前由设备部门或项目部门机械管理人员进行安全技术交底。

6.5 施工机械的安全管理

6.5.1 机械操作人员必须具备机械操作的资质,持证上岗。

6.5.2 在机械旁,要悬挂或张贴机械操作规程。操作人员严格按照规程操作,由机管员进行监督检查。

6.5.3 机械使用前,机械工必须对机械的安全装置进行检查,确保安全设施齐全、有效。

6.5.4 机械操作人员应配备相应的劳动保护用品,穿戴齐全后,上岗操作。

6.5.5 机械操作人员按照保养计划,对机械进行保养,以保证机械的安全使用。

6.6 机械设备环境管理

6.6.1 具备棚内操作条件的机械,均应设置封闭严密、隔声效果良好的机械操作棚,避免噪声的扩散。同时为机械操作人员配备隔声、防尘的劳动保护用品。

6.6.2 加强机械保养,使机械在使用期间,噪声控制在规定限值内。

7 相关文件

8 记录

合格分承包方审批表

施工机械与周转材料合格供方名册

施工机械与周转材料合格租方名册

施工机械与周转材料采购计划申请报告

施工机械保养计划

机械设备报废审批表

第十节 作业指导文件编制要点

一、脚手架安全防护作业指导书编制概要

1 编制依据

《职业健康安全管理手册》

《运行控制管理程序》

《采购管理程序》

××市《特种作业人员安全技术培训考核管理办法》

××市《特种作业人员劳动安全管理办法》

××市《建筑施工现场安全防护基本标准》

《劳动保护用品管理规定》

《吊篮架子安全技术操作规程》

《扣件式钢管脚手架技术规程》

2 适用范围

本作业指导书适用于公司所有施工工程各种脚手架、支撑架的安全防护。

3 架子安全防护方法要点

3.1 基础规定

3.1.1 架子工属于特殊作业人员,操作人员必须经过培训,取得《特种作业操作证》,方可上岗。

3.1.2 架子工作业必须按照要求配戴安全防护用品——安全带、安全帽、防滑鞋,确保作业安全。

3.1.3 架管、扣件、安全带、安全网属于特种防护用品,国家实行特种劳动防护用品生产许可证制度,必须采购符合要求的安全防护用品,产品必须有质量合格证书、钢材材质检验报告、外观符合要求(执行《采购管理程序》)。旧管要每年检查一次锈蚀程度,对不符合外观要求的进行处理。剪力墙结构施工用外挂架子必须由有资质的专业厂家设计、制作(执行《采购管理程序》),制作前项目部应根据工程需要作好交底。

3.1.4 落地式单排脚手架在外墙承载力符合要求,搭设高度小于 24m;双排脚手架搭设高度小于 40m,可按照《扣件式钢管脚手架技术规程》的构造要求搭设,单排脚手架超过 24m 或外墙承载力不满足要求、双排脚手架大于 40m 时,必须并经过计算,采取技术措施,编制架子工程施工方案,经公司技术部门、安全部门审批后,方可搭设。

3.1.5~3.1.6 吊篮架子由于工程的不同,搭设规格变化较大,除应按照《吊篮架子安全技术操作规程》的构造要求搭设外,尚应根据工程特点编制施工方案,经公司技术部门、安全部门审批后,方可搭设。

3.1.7 所有脚手架搭设前,均须进行安全技术交底,交接双方要履行签字手续。

3.1.8 六级大风以上不准进行高处外脚手架搭、拆作业。

3.1.9 吊运脚手架构件等材料,要长、短分开,码放整齐、绑扎成束,并用绳索两点启运,落放应平稳。搭拆脚手架要上下配合,零配件要用绳索提拉,严禁抛掷。

3.1.10 脚手架使用中,要按着施工方案及设计计算书的要求严格控制荷载,放置材料要均匀,不得集中堆放。

3.1.11 所有脚手架搭设完毕,必须经过公司安全部门、技术部门检查、验收后方可投入使用。

3.1.12 在大风、大雨、大雪等恶劣天气后,项目部要对架子进行全面检查,公司安全部门要进行抽查,保证架子安全使用。

3.1.13 在空旷的或周围无高于在施工程建筑物地点施工时,脚手架超过 30m 顶端要设红色障碍灯,20m 以上要设防雷接地,接地电阻不小于 4Ω。

3.2 架子安全防护措施

3.2.1 落地式钢管脚手架(包括扣件式和碗扣式)

(1) 在使用前应对钢管、扣件、连接件、脚手板、安全网进行外观检查。

钢管外径为 48～51mm,壁厚 3～3.5mm,无严重锈蚀、弯曲、压扁或裂纹;

扣件无脆裂、变形、滑丝;

脚手板可用杉、松木质板,长度应为 2～6m,厚 5cm,宽 23～25cm,木脚手板两头应用铅丝打箍,锈蚀、腐朽、劈裂、有活动节子的木板不可用做脚手板。钢质脚手板长度为 1.5～3.6m,厚 2～3mm,肋高 5cm,宽 23～25cm,变形严重的脚手板禁止使用;

安全网应无损坏或腐蚀,立网和平网不能颠倒用。

(2) 架子基础必须分层夯实,高出地面 15cm,作好排水设施。基础要满铺脚手板,立杆要立在脚手板上。高层建筑施工立杆应加扫地杆。

(3) 结构用脚手架立杆间距不大于 1.5m,大横杆间距不大于 1.2m,小横杆间距不大于 1m;装修用脚手架立杆间距不大于 1.5m,大横杆间距不大于 1.8m,小横杆间距不大于 1.5m。高度大于 20m 以上的外脚手架,纵向必须设十字盖,十字盖宽度不超过 7 根立杆,与水平面夹角应为 45°～60°,高度在 20m 以下的设正反斜支撑。

(4) 脚手架按楼层与结构拉接牢固,拉接点垂直距离不得超过 4m,水平距离不得超过 6m。拉接所用材料的强度不得低于双股 8 号铅丝的强度,高大架子不得使用柔性材料进行拉接。在拉接点处设可靠支顶。

(5) 脚手架的操作面必须满铺脚手板,距墙不得大于 20cm,不得有空隙和探头板、飞跳板。脚手板下层设水平网。操作面外侧设两道护身栏杆和一道挡脚板或设一道护身栏杆和立挂安全网。下口封严,防护高度应为 1.2m。

(6) 结构用里、外脚手架,使用时荷载不得超过 $2646N/m^2$。装修用里、外脚手架,使用时荷载不得超过 $1960N/m^2$。

(7) 在结构施工时,脚手架要始终高于建筑物一步架。架子顶端的高度:平屋顶必须超过女儿墙 1m。坡屋顶必须超过檐口 1.5m,并从最上层脚手板到顶端间,加绑两道护身栏并立挂安全网,安全网下口必须封绑牢固。

(8) 落地式脚手架必须搭设供施工人员上下的通道,其要求如下:

运料通道的宽度不得小于 1.5m,坡度为 1:6(高:长),人行通道的宽度不得小于 1m,坡度为 1:3。

通道的立杆、横杆的间距与脚手架相适应,基础按脚手架要求处理,立面设剪刀撑。

小横杆间距:运料道不得超过 1.5m。

脚手板应满铺,可采取对接和搭接。对头搭设脚手板应双排木,板端搭过小横杆 150~200mm。通道板上钉防滑条,防滑条的厚度20~30mm,间距不大于 300mm。

"之"字通道拐弯处设平台,平台及通道两侧必须绑两道护身栏杆,并立挂安全网。

(9) 在作业中禁止随意拆除脚手架基本构架杆件,整体性杆件,连接紧固件和连墙点。确因操作要求需临时拆除时,必须经主管人员同意,采取相应弥补措施,并在作业完毕后,离开时予以回复。

(10) 脚手架拆除,应先清除脚手架上的材料和杂物,设置警戒范围并设专人监护。脚手架的拆除应按规定的拆除程序进行,接点应在位于其上的全部可拆杆件都拆除之后才能拆除。在拆除过程中,凡已松开连接的杆配件应及时拆除运走,避免误扶和误靠已松脱连接的杆件。拆除作业中有需要加固的部位,应先加固再拆除,防止架体倒塌。拆下的零部件、杆件,应按规格分批运到地面,严禁抛掷,并按规格、品种码放整齐。作业人员应相互呼应,动作协调,中间不换人,必须换人时应将拆除情况做详细交底,禁止单人进行拆除较重杆件等危险作业。

3.2.2 工具式脚手架

吊篮、外挂架子为工具式脚手架,应按照相应规程要求的构造搭设,同时应满足以下安全防护要求。

(1) 在使用前应对组成架子的钢管、钢梁、扣件、挂钩、脚手板、安全网进行外观检查。

钢管外径为48mm,壁厚3~3.5mm,无严重锈蚀、弯曲、压扁或裂纹;

扣件无脆裂、变形;

脚手板可用厚2.5~5cm木板或轻质金属板,排水可用50mm×100mm木方或48mm钢管,木脚手板及木方应无锈蚀、腐朽、劈裂、有活动节子的木板不可用做脚手板;

安全网应用立网,无损坏或腐蚀;

挂架子应有设计计算书和图纸,委托具有资质的专业厂家加工制作。

(2) 脚手板必须坚实并固定铺严。脚手架与建筑物应拉接牢固,并立挂安全网,安全网下口应兜过脚手板下方后封严。

(3) 工具式脚手架升降时,必须用保险绳,吊篮保险绳应兜底使用,操作人员必须系安全带,吊钩必须有防脱钩装置。

(4) 挂架子的穿墙挂件螺栓材质须采用45号钢,其规格及与墙体固定必须符合设计要求。施工中不得使用其他材质或规格的螺栓代替。

(5) 挂架子安装时,混凝土强度不得低于75MPa,螺栓必须拧紧。

(6) 挂架子安装中,当挂架连接螺栓安装前,塔吊不准脱钩。提升前未关好吊钩前不允许松动连接螺栓。在进行大模板安装、拆除起吊时,防止不要碰撞外挂架。

(7) 吊篮钢挑梁的选用、布置间距尺寸必须符合施工方案要求,且不小于14号工字钢或承载能力不小于14号钢的其他材料,挑梁的抵抗力矩必须大于倾覆力矩的三倍。

(8) 承受钢梁拉力的预埋吊环,采用直径不小于$\phi 12$的1级圆钢,埋入混凝土内长度不小于360mm,吊环与钢筋混凝土主筋焊接牢固,吊环与挑梁端部的固定,采用吊环相同规格的1级圆钢或承载能力相当的钢丝绳。

(9) 安装挑梁时,应使挑梁探出建筑物一端高出另一端,挑梁在建筑内外两端宜用钢管连接牢固,成为整体。

(10) 采用手板葫芦升降吊篮,不允许两个吊篮一起升降,且每个吊篮所有吊点升降高度尽量保持一致。使用电动葫芦必须设置同步装置,确保吊篮同步升降,升降吊篮,除操作人员以外,其他人员不得在吊篮内停留。吊篮升降前,必须先把保险绳固定好,待提升(或下降)到一定距离(小于1m),再重新固定好保险绳,然后再继续升降,反复进行,一直到需要的高度。

3.2.3 井字架

(1) 井字架、龙门架吊盘距顶部4m处必须设超高限位器,每层设吊盘定位装置以防自然下滑。

(2) 井字架搭设高度在15m以下设一组缆风绳,每增加10m加设一组,每组4根,与地面为45°夹角,缆风绳用不小于12.5mm的钢丝绳,不准用钢筋代替,要埋设牢固地锚(不准用木橛代替地锚),缆风绳不准绑在树上、电杆等物品上。

(3) 连接要用花篮螺栓固定钢丝绳,严禁用别杠调节钢丝绳的松紧,每端绳卡不少于3个,最后要设一个安全弯。绳卡间距不得小于钢丝绳的6倍,钢丝绳尾端距第一绳卡最小距离不小于140~150mm。使用压板时应拧紧,以钢丝绳原来的高度压扁三分之一为宜。

3.2.4 高处作业防护

(1) 无外脚手架或采用单排外脚手架和工具式脚手架时,凡高度在 4m 以上的建筑物,首层四周必须支固定 3m 宽的水平安全网(高层建筑支 6m 宽双层网),网底距下方物体表面不得小于 3m(高层建筑物不得小于 5m)。高层建筑每隔四层还应固定 3m 宽的水平安全网,水平安全网的接口处必须连接严密,与建筑物之间的缝隙不大于 100mm,并且外边沿明显高于内边沿。无法支搭水平安全网的,必须逐层设立网全封闭。水平安全网须待高处作业完成后方可拆除。

(2) 建筑物的出入口应搭设长 3~6m,宽于出入通道两侧各 1m 的防护棚,棚顶应满铺不小于 50mm 厚的脚手板,非出入口和通道两侧必须封严。

(3) 临近施工区域,对人或物构成威胁的地方,必须支搭防护棚,确保人、物安全。

(4) 高处作业,严禁投掷物料。

二、洞口及临边防护作业指导书编制概要

1 编制依据

《职业健康安全管理手册》

《运行控制管理程序》

《采购管理程序》

××市《特种作业人员安全技术培训考核管理办法》

××市《特种作业人员劳动安全管理办法》

××市《建筑施工现场安全防护基本标准》

《劳动保护用品管理规定》

《吊篮架子安全技术操作规程》

《扣件式钢管脚手架技术规程》

2 适用范围

本作业指导书适用于公司所有施工工程各种预留洞口、屋面

楼梯临边部位的安全防护。

3 临边防护措施要点

3.1 楼板预留洞超过1.5m的洞口,应将原楼板内钢筋保留,不切断,用此钢筋网片做防护网(见附图)(本书略);0.15~1.5m的预留洞口、垃圾洞等都应用固定木板盖好。

3.2 电梯口必须装不低于1.2m高的金属工作式防护门,每层应挂水平网,安全网一定要封闭严密。

3.3 楼梯口、楼梯踏步、休息平台必须设两道牢固的护身栏,高度不应低于1.2m,60cm一道的护身栏杆。回转楼梯中间还应加安全网(平网)。

3.4 在建工程的出入口、通道口,必须搭设防护棚,棚的宽度应大于出入口,长度要根据建筑物的高度设置,建筑物的高度在20m以下时,长度不少于3m,建筑物在20m以上时,长度不少于5m。棚顶不少于5cm的木板铺满。两侧必须封闭。凡非出入口必须封闭,不准随便出入。

3.5 阳台板应随层安装,不能随层安装的,必须设两道护身栏还须立挂安全网封严,同时要设18cm的挡脚板。

3.6 建筑物的屋面,楼层建筑的四周,无维护结构时,必须设1.2m高两道护身栏,立挂密目式安全网,设挡脚板。

3.7 建筑物临近人行通道,应先搭牢固的封闭通道。在建筑临近有高低压电线路,能移走的移走,不能移走的要用木质的材料搭设牢固的防护棚,棚的临边离高压线路不低于1.5m,低压线路不低于1m。在搭设前要有设计审批,要有搭设方案。搭设完要有验收记录。

三、基坑安全防护作业指导书编制概要

1 编制依据

《职业健康安全管理手册》
《运行管理程序》
《工程分承包管理程序》

××市《建筑施工现场安全防护基本标准》
××市《建筑工程深基础护坡桩设计、施工管理规定》
《土方与爆破工程施工及验收规范》

2 适用范围

本作业指导书适用于基坑开挖、边坡支护、桩基施工的基坑防护等作业施工。

3 安全防护措施要点

3.1 总原则

3.1.1 边坡支护、桩基施工为分包施工，必须按照公司《工程分承包管理程序》文件的规定，选择资质合格的分承包商，进行边坡支护和桩地基施工。

3.1.2 边坡支护、桩地基施工必须编制施工组织设计，并经分包方总工程师审批、分包企业盖章后，报公司工程部门、技术部门备案。

3.1.3 项目部门应根据工程特点，在单位工程施工组织设计和本作业指导书的基础上，编制各工程的《基坑施工安全管理方案》。

3.1.4 基坑施工的各项作业必须进行安全技术交底，交底要针对工程特点，具有可操作性。交底双方应履行签字手续。

3.1.5 基坑施工作业人员必须配备安全防护用品，入场前需经过安全教育和培训，合格后方可进入现场施工。

3.2 基坑施工安全防护方法

3.2.1 基坑开挖

（1）基坑开挖前必须将开挖影响区图报建设单位，由建设单位确认是否有地下障碍物，施工前将地上、地下障碍物处理完毕。

（2）场地内必须设置照明装置，但应调整照射角度，避免对周围社区产生光污染影响（执行《光污染控制作业指导书》）。

（3）基坑开挖采用自然边坡时，必须放坡，其各种土质下放坡系数执行《土方与爆破工程施工及验收规范》，雨期施工尚应加大放坡系数，并在坑底设置排水沟和集水井。

(4) 基坑开挖深度超过 2m,必须在临边设护身栏和人员上下坡道和爬梯,护身栏高度大于 1.2m,立杆间距小于 3m,水平杆设置不少于 2 道。危险外,夜间应设红色警示灯或警示牌。

(5) 施工机械进场必须进行验收方可使用,挖土机作业时,不得有人员进入其作业半径内。多台机械作业时,挖土机距离大小 10m。挖掘机行走和自卸汽车卸土时不得在架空输电线下工作。遇七级以上大风或雷雨、大雾时各种挖掘机应停止作业,并将臂杆降至 30°~40°。

(6) 在考虑坡顶堆载的条件下,堆载应距离槽边 0.8m 以上,高度不应大于 1.5m,在未考虑坡顶堆载时,边坡上不得堆物。

3.2.2 基坑支护

(1) 基坑支护必须由有资质的设计、施工单位进行设计和施工,其设计文件应包括以下内容:

设计计算书、图纸;

提供的地质勘察资料与地下、地上、周围建筑物和管线的影响关系;

施工组织设计;

质量要求及安全要求;

设计施工单位总工程师的审批意见。

(2) 当采用混凝土灌注桩护坡时,护坡桩施工成孔后应及时放钢筋笼、浇筑混凝土、如不能及时施工必须在孔口设置围档,夜间要加警示灯。

(3) 当基坑开挖处于对周围建筑物影响区内时,必须对周围建筑物采取测量监控措施,并保留监控记录。

(4) 当采用土钉支护护坡时,土方开挖和护坡应在作业面上错开,不得对作业区内作业。

(5) 深基础施工采用坑外降水应有防止临近建筑物危险沉降的措施。

(6) 各种护坡施工机械必须安全装置齐全,施工人员须配备安全防护用品。

3.2.3 桩地基

(1) 桩地基必须由有资质的设计、施工单位进行设计和施工,桩地基设计需由工程原设计单位审批,确保符合设计要求。

(2) 桩成孔后应及时施工完成,如不能及时进行下步作业,应设置围挡、盖板,夜间作业要挂警示灯。

(3) 桩基测试的堆载材料应严格按照要求堆放,避免坍落伤人。

四、噪声控制作业指导书编制概要

1 编制依据

《职业健康安全管理手册》
《危险源识别及评价程序》
《建设项目环境保护管理条例》
《环境噪声污染防治法》
《城市区域环境噪声标准》
《建筑施工场界噪声限值》

2 适用范围

适用于公司各施工现场的噪声控制,以防止对人身、特别是公司员工的听力伤害。

3 噪声管理措施要点

3.1 施工场界噪声限值

不同施工阶段作业噪声限值如表 8.10-1 所示。

不同施工阶段作业噪声限值　　表 8.10-1

等效声级 Leq[dB(A)]

施工阶段	主要噪声源	噪声限值	
		昼间	夜间
土石方	推土机、挖掘机、装载机、冲气钻等	75	55
打桩	各种打桩机、振捣棒、混凝土罐车等	85	禁止施工

续表

施工阶段	主要噪声源	噪声限值	
		昼间	夜间
结构	混凝土搅拌机、混凝土罐车、地泵、汽车泵、振捣棒、电锯、支拆模板、模板修理、搭拆脚手架、外用电梯等	70	55
装修	吊车、升降机、外用电梯、拆脚手架、石材切割、电锯等	65	55
备注	6：00~22：00为昼间　　22：00~6：00为夜间		

如有几个施工阶段同时进行，以高噪声阶段的限值为准，施工时间应安排在6：00~22：00进行，当由于施工工艺要求或其他原因，必须连接作业或进行夜间施工时，要向当地行政主管部门申报，并得到社区的认可和谅解。

3.2 噪声控制措施

3.2.1 土石方阶段噪声控制措施

（1）土石方施工前，施工场界围墙应全部建筑完毕。

（2）所选施工机械应符合环保标准，操作人员需经过环境教育。

（3）施工过程中，严格控制推土机一次推土量，装载机装载量，严禁超负荷运转。

（4）加强施工机械的维修保养，缩短维修保养周期。

3.2.2 打桩阶段噪声控制措施

（1）禁止夜间使用打桩机。

（2）护坡桩为混凝土灌注桩时，其控制措施同结构阶段混凝土浇筑噪声控制措施。

3.2.3 结构阶段噪声控制措施

（1）机械噪声排放控制

在正常使用下，易产生噪声超限的加工机械，如搅拌机、电锯、电刨等,采取封闭的原则控制噪声的扩散。封闭材料应选择隔声效果好的材料,其几何尺寸视现场实际情况决定。同时选择低噪声设备,最大限度降低噪声。在有噪声的封闭作业环境下,要为操作工人配备相应的劳动保护用品,如对讲机、耳脉等。

(2) 运输车辆噪声排放控制

车辆噪声采取减低速度的方法进行控制。

(3) 人为噪声的控制措施

模板、脚手架支设、拆除、搬运、修理,人员塔吊指挥哨声、剔凿等,这些噪声的产生多数为人为因素。施工现场提倡文明施工,通过对全体有关人员进行培训、教育,培养环境观念树立正确的环境意识,使作业人员在工作中予以噪声污染控制。

模板、脚手架支设、拆除、搬运时必须轻拿轻放,上下左右有人传递;钢模板、钢管修理时,禁止用大锤敲打;使用电锯锯模板,切割钢管时,应及时在锯片上刷油,且模板、锯片送速不能过快。

(4) 振捣棒噪声排放控制

在噪声敏感区域均需选用低频振捣棒。振捣棒使用完毕后,及时清理干净,保养好;振捣混凝土时,禁止振钢筋或钢模板,并做到快插慢拔;振捣混凝土时,配备相应人员控制电源线及电源开关,防止振捣棒空转。

(5) 混凝土泵、混凝土罐车噪声排放控制

因施工场地狭小、混凝土泵必须设在场界外的,应做封闭处理,将固定泵围起来;向商品混凝土分包施加影响,要求其加强对混凝土泵的维修保养;加强对混凝土泵、混凝土罐车操作人员的培训及责任心教育,保证混凝土泵混凝土罐车平稳运行。

3.2.4 装修阶段噪声控制措施

先封闭周围,然后装修内部;牵止到产生强噪声的成品、半成品加工、制做作业(如预制构件、木门窗制作等),应尽量在工厂、车间完成,且有防尘降噪设施,减低噪声;使用电锤时,及时在各零部件间注油。

3.2.5 在敏感区域施工时,应在噪声影响区域的作业层采用

降噪安全围帘包裹。

3.2.6 在高考期间和高考前半个月内(5.20~6.20),应加强对环境噪声污染监管,按国家有关环境噪声标准,对各类环境噪声源进行严格控制,防止和减少噪声扰民。

3.2.7 对于电锯、电刨等噪声较大的车间进行封闭式作业活动时,劳动者应穿戴防噪声的护耳设备。

3.3 噪声监测

现场应加强环境噪声的长期监测,指定专人负责实施噪声监测,仪器应检定合格。在有效期内,监测频度公司总部每月观测一次,现场每半月观测一次。测量方法、条件、频度,测点的确定等需符合国家有关环境噪声管理规定,对噪声超标有关因素及时进行调整,发现不符合时,按《不符合、纠正与预防措施管理程序》处理,做好记录。项目部在施工前,可根据本工程具体情况,编制有针对性的管理方案。

4 记录

建筑施工场地噪声测量记录具体见表8.10-2。

建筑施工场地噪声测量记录表 表8.10-2

年 月 日

工地名称		地点		时 分至时 分	
测量仪器型号		气象条件			
建筑施工场地示意图 建筑施工场地及其边界线、测点位置					
备注					

测量人: 审核人:

五、伤亡、伤害应急响应预案编制指导概要

1　目的

为了保护职工的人身安全,确保在意外情况发生时,抢救队员和全体职工能有条不紊地按照预先制定的方案,迅速及时抢救伤员,最大限度降低伤亡伤害程度,为此制定伤亡伤害应急响应预案。

2　适用范围

根据建筑工程施工的特点,容易产生的伤亡、伤害为:高空坠落、物体打击、触电、施工机械伤害、坍塌,本预案为这五大伤害而制定。

3　应急准备与响应要点

各项目部根据风险大小配备相应的应急设施。包括药箱、车辆、通讯工具等。

3.1　呼救

当工地发生伤害事件,最先发现情况的人员应大声呼叫,呼叫内容要明确:某某地点或某某部位发生某某情况!将信息准确传出。

听到呼叫的任何人,均有责任将信息报告给与其最近的项目部管理人员、抢救小组成员,使消息迅速报告到伤亡伤害应急响应小组现场总指挥处。

应急响应小组现场总指挥负责现场组织工作。

3.2　报警

报警员负责打急救电话120,报告发生伤亡伤害的地点、伤害类型,同时必须告知工程附近醒目标志建筑,以利急救中心迅速判断方位。

安全员负责将伤亡伤害情况及时报告公司安保部门。

3.3　接车

接车员迅速到路口接车,引领急救车从具备驶入条件的道路迅速到达现场。

3.4 自救

应急响应小组现场总指挥负责现场组织工作。

3.4.1 高空坠落、物体打击自救

迅速移走周围可能继续产生危险的坠落物、障碍物。

为急救医生留出通道，使其可以最快到达伤员处。

高空坠落不仅产生外伤，还产生内伤，不可急速移动或摇动伤员身体。

应多人平托住伤员身体，缓慢将其放至于平坦的地面上。

发现伤员呼吸障碍，应进行口对口人工呼吸。

发现出血，应迅速采取止血措施，可在伤口近心端结扎，但应每半小时松开一次，避免坏死。动脉出血应用指压大腿根部股动脉止血。

3.4.2 坍塌自救

发生塌方后，应先检查塌方处是否还有可能的塌方危险，当确认无危险后，方可实施抢救，如还可能造成二次塌方，则必须采取有效措施控制。

清理坍塌土方不可使用工具，应人工清除，避免对伤员的二次伤害。

受土方坍塌伤害的人员可能造成内伤、脊柱伤害和骨折，因此也不可急速摇动或移动伤员。

应多人平托住伤员身体，缓慢将其放至于平坦的地面上。

止血和人工呼吸处理同上。

3.4.3 触电自救

使触电人员脱离带电体：抢救人员必须首先保证自己不被伤害。如在附近有电源开关，应首先采用切断电源的方法；如附近无电源开关，应寻找干燥木方、木板等绝缘材料，挑开带电体；如可以迅速呼唤到周围电工，电工可利用本人绝缘手套、绝缘鞋齐全的条件，迅速使触电者摆脱带电部分。

急救：触电者摆脱带电体后，应立即就地对其进行急救，除非周围狭窄、潮湿、不具备抢救条件，可将其转移到另外的地方。急

救步骤如下：

使触电者仰面平躺，检查有无呼吸和心脏跳动；

如触电者呼吸短促或微弱，胸部无明显呼吸起伏，立即给其做口对口人工呼吸；

如触电者脉搏微弱，应立即对其进行人工心脏按摩，在心脏部位不断按压、松开，频率为60次/min，帮助触电者复苏心脏跳动；

因触电的不良影响，不是一下子表现出来的。因此，即使触电者自我感觉良好，也不得继续工作，应使其平躺，保持安静，同时保证周围空气流通，由医生来决定是否需要进一步治疗。

3.4.4 机械伤害自救

由相关在场人员迅速切断机械电源。

将人员救出后，立即检查可能的伤害部位，进行止血，止血方法同上。

如有切断伤害，应寻找切断的部分，将其妥善保留。

总之，在急救中心医生到来之前，应尽最大努力，进行自救，以使伤害降低到最低点。在急救医生到来后，应将伤员受伤原因和已经采取的救护措施详细告诉医生。

3.5 保护现场

现场总指挥在组织自救的同时，应派人保护现场，为今后的事故调查提供真实依据。

六、火灾应急响应预案编制概要

1 目的

为了搞好消防工作，保卫国家财产和职工的人身安全，确保在紧急火情发生时，消防队员和全体职工能有条不紊地按照预先制定的方案，迅速及时将火扑灭，把损失控制在最低限度，为此制定火灾应急响应预案。

2 应急响应要点

2.1 呼救

当工地发生失火，最先发现火情的人员应大声呼叫，呼叫内容要明确:某某地点或某某部位失火！将信息准确传出。

听到呼叫的任何人,均有责任将火情信息报告给与其最近的项目部管理人员、义务消防队员,使消息迅速报告到应急响应小组现场总指挥处。

应急响应小组现场总指挥负责现场组织工作。

2.2 报警

报警员负责打火警电话119,报告失火地点、火势、失火材料,同时必须告知工程附近醒目标志建筑,以利消防队迅速判断方位。安全员负责将失火情况及时报告公司安保部门。

2.3 接车

接车员迅速到路口接车,引领消防车从具备驶入条件的道路迅速到达现场。

2.4 自救

应急响应小组现场总指挥负责现场组织工作。

火情现场的人员,应用衣服堵住口鼻,弯下腰,以最低的姿势迅速撤离失火地点。

义务消防队电工负责切断电源。

义务消防队员打开消火栓井盖,接通水龙带,用水龙带灭火。

义务消防队员迅速开启灭火器,用灭火器灭火。根据现场情况,使用消防桶提水,用铁锹铲土(砂子)灭火。

2.5 抢救

火灾发生,抢救组长应立即询问最先发现火情人员有关失火地点情况,了解是否有人员伤害,当怀疑有可能的人员伤害时,迅速拨打120急救电话,告知失火地点、附近醒目建筑物,并派接车员去路口接应。

在急救车未到来前,抢救下来的伤员,应使其平躺地上,周围应通风良好,有呼吸窘迫,抢救小组成员对其进行口对口人工呼吸。

2.6 现场保护

现场应急过程中,项目经理应负责保护现场,以满足事后对事故调查的需要。

七、伤亡、伤害应急准备和响应指导书编制概要

1 编制依据

《职业健康安全管理手册》

《危险源识别和评价管理程序》

《应急准备和响应管理程序》

《职业健康安全运行管理程序》

2 适用范围

本指导书适用于公司所属范围内及项目部伤亡、伤害的应急处理。

3 程序要点

3.1 公司机关由安保部门负责,项目部门由项目经理和安全员负责组织成立义务抢救小组,加强业务学习、训练防火知识,培训全体员工的安全防范意识及应变和处理能力,并每年进行一次伤亡、伤害事故演习。

3.2 伤亡、伤害事故的轻重程度,公司机关和项目部门应配备相应的应急医药类物品。

3.3 工伤事故发生后,必须做到有组织处理,妥善处理被伤害对象,尽量减少伤害程度。

3.4 当发生伤亡、伤害事故时,一般的磕、碰工伤类采取自救,由当事人报告工长,工长带领当事人到安全员处进行医药包扎,对被伤害者采取切实可行的医疗保护措施,以免伤势加重。

3.5 当发生食物中毒事故时除执行本预案外,主管领导应组织抢救小组进行抢救,在救护车到来之前,将中毒者抬到临近道路的房间内,进行必要的保护措施。

3.6 工程施工中五大伤害应急准备和响应

3.6.1 防触电

当发生触电事故时,依据自救原则,发现人首先要切断电源,挑断电线,对触电者进行人工呼吸抢救,如伤害严重,依据应急预

案进行抢救。

3.6.2 高空坠落与物体打击、机械伤害

当发生高空坠落或物体打击时，依据自救原则，观察伤情、避免二次伤害，将受伤害者抬至平坦处进行医药包扎，对被伤害者采取切实可行的医疗保护措施，以免伤势加重。伤害严重的依据应急预案进行抢救。

3.6.3 坍塌

当发生坍塌事故时，依据自救原则，先组织人力进行抢救，抢救时不能使用工具，只能人为用手搬、扒、刨，以免二次伤害，伤害严重的依据应急预案进行抢救。

3.7 当发生重大伤亡、伤害事故时，依据应急预案进行抢救。

3.7.1 最先发现情况的人员马上进行呼救并立即报告项目经理。

3.7.2 项目经理负责总指挥，进行抢救

3.7.3 安全员拨打120急救电话，详细说明事故地点、伤亡情况、联系电话、报警人姓名，并派专人接车。

3.7.4 如离医院较近，马上送医院进行抢救，以缩短时间减少伤害程度。

3.7.5 项目经理负责组织人员保护好事故现场，并以最快捷的方式上报公司安保部门。

3.7.6 依据事故原因没有分析清楚不放过，事故责任者和群众没有受到教育不放过，没有采取切实可行的预防措施不放过的原则，进行调查，分析事故原因，找出问题根源，总结经验。

3.7.7 对应急场所的工作人员和广大员工进行安全教育，吸取教训。

3.7.8 依据分析结果制定预防和改进措施。

4 记录

伤亡、伤害应急预案(表8.10-3)。

伤亡、伤害应急预案　　　　表 8.10－3

现场总指挥	抢救组长	
急救报警员	接车人员	
内容		
医院名称	就地就近	
医院电话	急救中心电话	120